国家改革和发展示范学校建设项目
课程改革实践教材
全国中职汽车专业实用型规划教材

汽车电工电子基础

主　编　徐利强
副主编　陈晓云　罗正华　邓文斌
编　者　游贤林　刘肖卫　王万春
　　　　郑　蓉　曲　斌　李荆州

内 容 简 介

本书的内容包括:汽车电工基础、汽车电子基础、常用电子设备、汽车电路识图、汽车电子信号应用基础、汽车电子新技术六个方面的内容。在紧紧把握交通运输类专业培养目标的同时,以必需够用为目标,克服教材内容偏深、偏多和偏难的现象,以讲清概念、强化应用为重点,为学生学习汽车电气设备和电控技术奠定基础。在体例上打破了传统的写法,以模块、任务的形式进行编写,将理论知识与技能训练有机地融合为一体,通过技能训练强化理论知识的学习与掌握。

本书图文并茂,通俗易懂,只需具有初中文化基础即可阅读,可作为中等职业学校教材,也可作为汽车修理工培训教材和自学用书。

图书在版编目(CIP)数据

汽车电工电子基础/徐利强主编. —哈尔滨:哈尔滨工业大学出版社,2014.8
ISBN 978 - 7 - 5603 - 4867 - 4

Ⅰ.①汽… Ⅱ.①徐… Ⅲ.①汽车-电工-高等学校-教材②汽车-电子技术-高等学校-教材 Ⅳ.①U463.6

中国版本图书馆 CIP 数据核字(2014)第 174393 号

责任编辑	李长波
出版发行	哈尔滨工业大学出版社
社　　址	哈尔滨市南岗区复华四道街 10 号　邮编 150006
传　　真	0451 - 86414749
网　　址	http://hitpress.hit.edu.cn
印　　刷	三河市越阳印务有限公司
开　　本	850mm×1168mm　1/16　印张 9　字数 265 千字
版　　次	2014 年 8 月第 1 版　2014 年 8 月第 1 次印刷
书　　号	ISBN 978 - 7 - 5603 - 4867 - 4
定　　价	22.00 元

(如因印装质量问题影响阅读,我社负责调换)

前言

近年来,我国汽车工业迅速发展,汽车的拥有量大幅提高,对汽车制造、维修、保养等专业技能型人才的需求与日俱增。为适应市场对汽车专业技能型人才的素质要求,根据职业技术教育汽车类专业"电工电子基础"课程大纲的要求编写了本教材。

"汽车电工电子基础"作为汽车运用与维修、汽车制造与检修的主干专业和汽车电子技术应用专业的核心课程,一直以来没有得到足够的重视,教学内容与传统的"电工电子基础"极其相近,但内容陈旧,不适应岗位需求。本教材编写过程中注重与专业的对接,具有较强的针对性和实用性。通过本课程的学习,可以使学生掌握汽车专业必需的电工电子技术基础知识。每个模块按照"基础知识+技能训练+课后练习"的模式来编排内容。在基础知识讲述过程中引入汽车上的典型案例进行分析,以增强对基础知识的理解与掌握。

本书的主要特色是:

1.在把握交通运输类专业培养目标的同时,以必需够用为目标,克服教材内容偏深、偏多和偏难的现象,以讲清概念、强化应用为重点,为学生学习汽车电气设备和电控技术奠定基础。

2.本书在体例上打破了传统的写法,以模块、任务的形式进行编写,将理论知识与技能训练有机地融合为一体,通过技能训练强化理论知识的学习与掌握。

3.本书图文并茂,通俗易懂,只需具有初中文化基础即可阅读,可作为中、高等职业学校教材,也可作为汽车修理工培训教材和自学用书。

由于编者水平有限,书中难免存在疏漏和不足,诚恳希望各位专家、读者批评批正,并提出宝贵意见和建议,以便今后修订完善。

编 者

目录 CONTENTS

模块 1　汽车电工基础 / 1

任务 1.1　安全用电常识 / 2
任务 1.2　电路的基本概念 / 7
任务 1.3　电路的基本物理量 / 9
任务 1.4　电阻与电阻器 / 15
任务 1.5　欧姆定律与焦耳定律 / 22
任务 1.6　电磁感应 / 24
任务 1.7　电容器与电感器 / 29
任务 1.8　霍尔效应 / 30
任务 1.9　正弦交流电 / 32

模块 2　汽车电子基础 / 37

任务 2.1　半导体基础知识 / 38
任务 2.2　半导体二极管 / 41
任务 2.3　汽车发电机整流电路 / 46
任务 2.4　半导体三极管 / 51
任务 2.5　汽车电子点火系电路 / 57

模块 3　常用电子设备 / 61

任务 3.1　点火开关 / 62
任务 3.2　灯光及雨刮总开关 / 69
任务 3.3　电磁继电器 / 72
任务 3.4　电磁阀 / 76
任务 3.5　汽车保护装置 / 80

模块 4　汽车电路识图 / 85

任务 4.1　汽车电路的构成 / 86
任务 4.2　汽车电器图形符号 / 88
任务 4.3　汽车电路图识读 / 98

模块 5　汽车电子信号应用基础 / 107

任务 5.1　汽车电子信号认知 / 108
任务 5.2　汽车电子信号检测 / 116
任务 5.3　汽车电子信号模拟 / 120

模块 6　汽车电子新技术 / 127

任务 6.1　汽车车载网络系统 / 128
任务 6.2　汽车电子防盗报警新技术 / 134

参考文献 / 137

模块 1

汽车电工基础

【知识目标】

1. 掌握基本用电安全知识,认识简单电路的基本结构,了解电路的组成;
2. 理解电路电流、电压、电位、功率等常用物理量;
3. 掌握电阻元件的基本知识,能对电阻的串联、并联连接方式进行简单的分析计算;
4. 掌握欧姆定律与焦耳定律以及霍尔效应的主要内容;
5. 掌握汽车用电容器与电感器的基础知识;
6. 掌握交流电的基本性质及与其相关的物理量。

【技能目标】

1. 会运用数字万用表测量电路中的电流和电压;
2. 能正确识读色环电阻,能利用数字万用表测量电路中的电阻阻值。

【课时计划】

任务	任务内容	参考课时		
		理论课时	实训课时	合计
任务 1.1	安全用电常识	1	0	1
任务 1.2	电路的基本概念	1	0	1
任务 1.3	电路的基本物理量	2	2	4
任务 1.4	电阻与电阻器	2	2	4
任务 1.5	欧姆定律与焦耳定律	2	0	2
任务 1.6	电磁感应	4	0	4
任务 1.7	电容器与电感器	2	0	2
任务 1.8	霍尔效应	1	0	1
任务 1.9	正弦交流电	2	0	2

共计:21 课时

> **情境导入**
>
> 夜晚行车，司机老王打开灯光开关，发现前大灯不亮。到汽修店，维修师傅猜测几种原因：前大灯灯泡烧毁、大灯保险丝烧断、线路断开或蓄电池亏电。猜想一下，假如你是维修师傅，该怎样检测排除故障呢？检测时，需要注意哪些问题？

任务 1.1　安全用电常识

1.1.1　电能的产生

人们使用的电能是二次能源，是由煤炭、石油、风力、水力、核能等一次能源通过各种转换装置而获得的。根据一次能源的不同，电能产生的方式也不同。目前，常用的发电方式有以下四种。

1. 火力发电

图 1.1 为火力发电示意图。我国以火力发电为主，它是利用煤炭、石油和天然气燃烧后发出的热量来加热水，使其变成高温高压蒸汽，再利用蒸汽推动汽轮机旋转并带动三相同步交流发电机发电。

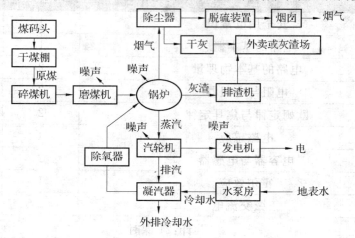

图 1.1　火力发电示意图

火力发电的优点是建厂速度快,投资较少;缺点是消耗大量的燃料,对环境污染较严重。

2. 核能发电

图1.2所示为核电站流程示意图。核能发电是利用原子核裂变时释放出来的能量来加热水,使之变成高温高压蒸汽,去推动汽轮机旋转并拖动发电机发电。

核能发电成本低,燃料单位体积产生的热量远远高于煤、石油等燃料。但核电站建设条件高,投资大,周期长。目前,我国的秦山核电站和大亚湾核电站已运行发电。

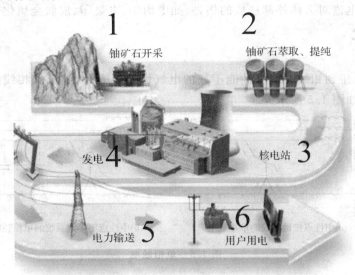

图1.2 核电站流程示意图

3. 水力发电

图1.3所示为水力发电站,它是利用水流的落差及流量推动水轮机旋转并带动发电机发电。

水力发电的优点是发电成本低,不存在环境污染问题;缺点是投资大,建站速度慢,而且受自然环境影响较大。我国已经建设了很多水力发电站,其中三峡水力发电站是世界上最大的水力发电设施。

4. 风力发电

图1.4所示为风力发电厂的风车,风力发电厂是利用风车带动发电机,然后将电能输送到远方。目前,我国的风电产业已经取得了长足的进步,成为亚洲第一、世界第四的风电大国。

图1.3 水力发电站

图1.4 风力发电厂的风车田

1.1.2 安全用电基本知识

安全用电涉及触电和电火灾的预防,所谓触电是指人体接触或接近带电体,引起局部受伤或死亡的现象;电火灾是指由于电气线路、用电设备等出现故障,产生热量,在具备燃烧条件下引燃本体或其他可燃物而造成的火灾。

1. 触电的分类

电流对人体伤害主要分为电击和电伤两种。

(1) 电击

人体触电后由于电流通过人体的各部位而造成的内部器官在生理上的变化,如呼吸中枢麻痹、肌肉痉挛、心室颤动、呼吸停止等。

(2) 电伤

当人体触电时,电流对人体外部造成的伤害,如电灼伤、电烙印、皮肤金属化等。

2. 触电的形式

(1) 单相触电

人体的某一部位碰到相线或绝缘性能不好的电气设备外壳时,电流从相线经人体流入大地的触电现象为单相触电,如图1.5所示。

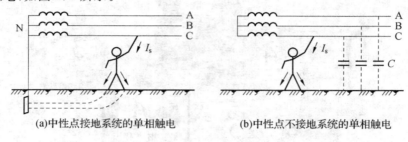

(a) 中性点接地系统的单相触电　　(b) 中性点不接地系统的单相触电

图1.5　单相触电

(2) 两相触电

人体的不同部位分别接触到同一电源的两根不同相位的相线,电流从一根相线经人体流到另一根相线的触电现象为两相触电,如图1.6所示。

(a)　　(b)

图1.6　两相触电

(3) 跨步电压触电

电气设备相线碰壳接地,或带电导线直接接触地时,人体虽没有接触带电设备外壳或带电导线,但是跨步行走在电位分布曲线的范围内而造成的触电现象为跨步电压触电,如图1.7所示。

3. 触电现场的处理与急救

当发现有人触电时,必须用最快的方法使触电者脱离电源。然后根据触电者的具体情况,进行相应的现场救护。

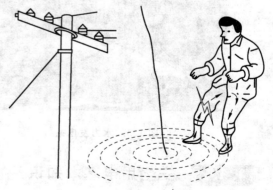

图1.7　跨步电压触电

(1) 脱离电源

脱离电源的具体方法可用"拉""切""挑""拽""垫"五个字概括。

拉：就近拉开电源开关、拔出插头。

切：当电源开关、插座距离触电现场较远时，可用带有绝缘柄的利器切断电源线。切断时应防止带电导线断落触及周围的人体。

挑：如果导线搭落在触电者身上，可用干燥的木棒、竹竿等挑开导线，使其脱离电源。

拽：救护者可在手上包缠干燥的衣服等绝缘物品拖拽触电者。如果触电者的衣裤是干燥的，又没有紧缠在身上，救护者可以直接用一只手抓住触电者不贴身的衣裤，使其脱离电源。

垫：用干燥的木板塞进触电者身下，使其与地板绝缘，然后再采取其他办法把电源切断。

(2) 现场急救

触电者脱离电源后，应立即进行现场紧急救护。当触电者出现心脏停搏、无呼吸等假死现象时，可采用胸外心脏按压法和口对口人工呼吸法进行救护。

4. 人体对电的承受能力

当人体的某一部位接触到带电的导体或触及绝缘损坏的用电设备时，人体便成为一个通电的导体，电流通过人体会造成伤害。人体对电的承受能力与以下因素有关。

(1) 电流的大小和通电的时间

通过人体的电流大小不同，引起人体的生理反应也不同。对于工频电流，按照通过人体的电流大小和人体呈现的不同反应，可将电流划分为感知电流、摆脱电流和致命电流。

① 感知电流：就是引起人感觉的最小电流。人对电流最初的感觉是轻微颤抖和轻微刺痛。经验表明，一般成年男性的感知电流约为 1.1 mA，成年女性约为 0.7 mA。

② 摆脱电流：是指人体触电以后自己能够摆脱的最大电流。成年男性的平均摆脱电流约为 16 mA，成年女性约为 10.5 mA，儿童的摆脱电流比成年人要小。

③ 致命电流：是指在较短的时间内危及人生命的最小电流。通过人体的电流为 90～100 mA 时，呼吸麻痹，3 s 后心脏开始麻痹，停止跳动，称为致命电流。

(2) 电流通过人体路径

电流流过头部，会使人昏迷；电流流过心脏，会引起心脏颤动；电流流过中枢神经系统，会引起呼吸停止、四肢瘫痪等。一般从左手到前胸是最危险的途径；从手到脚，从左手到右手都是很危险的电流途径；从脚到脚的途径虽然伤害程度较轻，但在摔倒后，能够造成电流通过全身的严重情况。

(3) 电流的种类

常用的 50～60 Hz 工频交流电对人体的伤害最为严重，频率偏离工频越远，交流电对人体伤害越轻。在直流和高频情况下，人体可以耐受更大的电流值，但高压高频电流对人体依然是十分危险的。

(4) 人体的电阻

人体对电流有一定的阻碍作用，这种阻碍作用表现为人体电阻。一般在干燥环境中，人体电阻在 2 kΩ～20 MΩ 范围内，但是皮肤潮湿或接触点的皮肤遭到破坏时，电阻就会突然减小。

(5) 电压的高低

在人体电阻一定时，作用于人体的电压越高，则通过人体的电流就越大，电击的危险性就增加。人触及不会引起生命危险的电压称为安全电压，我国规定安全电压一般为 36 V，在工作场所潮湿，或在金属容器内、隧道内、矿井内使用手提式电动用具或照明灯，均应采用 12 V 的安全电压。

(6) 人的身体状况

电对人体的危害程度与人的身体状况有关，特别是与性别、年龄和健康状况等因素有很大的关系。一般来说，女性较男性对电流的刺激更为敏感，感知电流和摆脱电流的能力要低于男性。

5. 电气火灾的预防

主要做好以下几方面事项：

(1) 对用电线路进行巡视，以便及时发现问题。

(2) 在设计和安装电气线路时,导线和电缆的绝缘强度不应低于线路的额定电压,绝缘子也要根据电源的不同电压进行选配。

(3) 安装线路和施工过程中,要防止划伤、磨损、碰压导线绝缘,并注意导线连接接头质量及绝缘包扎质量。

(4) 在特别潮湿、高温或有腐蚀性物质的场所内,严禁绝缘导线明敷,应采用套管布线,在多尘场所,线路和绝缘子要经常打扫,勿积油污。

(5) 严禁乱接乱拉导线,安装线路时,要根据用电设备负荷情况合理选用相应截面的导线。并且,导线与导线之间,导线与建筑构件之间及固定导线用的绝缘子之间应符合规程要求的间距。

(6) 定期检查线路熔断器,选用合适的保险丝,不得随意调粗保险丝,更不准用铝线和铜线等代替保险丝。

(7) 检查线路上所有连接点是否牢固可靠,要求附近不得存放易燃、可燃物品。

发生电气火灾后,为防止火灾扩大,往往选用不导电的灭火器如二氧化碳、四氯化碳、干粉灭火器等进行灭火。

1.1.3　电气消防与汽车蓄电池的规范使用

电气消防是防火安全检查的一个重要方面,是对电气线路及设备进行的消防安全检查。其目的,一是防止电气系统及电气设备因各种故障及运行不当引起火灾爆炸事故;二是防止出现电击事故,造成人员伤亡。

现代汽车上的用电器越来越多,仪表板、电动刮水器、电动玻璃升降器、暖风通风装置、电动座位移动机构、电动风扇、冷气压缩机等,随着用电器的增加,汽车线路也变得多而复杂。怎样合理、规范地使用汽车电源蓄电池,减少事故的发生和用电器的损坏,是电气消防的目的之一。

(1) 识别蓄电池的正负极

蓄电池上通常有醒目的标记,在正接线柱上标注"+",在负接线柱上标注"-"。若由于某种原因无法辨别蓄电池的正负极,可以利用万用表进行检测辨别。将万用表挡位调整至合适的直流电压挡,红表笔接"VΩ",黑表笔接"COM",两表笔分别任意接触两个接线端子,若万用表显示正的电压值,可以判定红表笔接触的为蓄电池的正极,黑表笔接触的为蓄电池的负极。

(2) 蓄电池的安装

将蓄电池平放在车体的相应位置上,固定好。先接正极,然后接负极(搭铁线)。搭铁线与车体金属部分要保证良好的接触,必要时可以用砂纸擦掉金属接触部位的铁锈。

(3) 蓄电池的拆卸

关闭点火开关和车内所有用电设备,先拆负极再拆正极,平衡用力将蓄电池取下。

(4) 新蓄电池的储存

保管蓄电池时应注意以下几点:

①存放室温为 5~30 ℃,干燥、清洁、通风。

②不要受阳光直射,离热源距离不小于 2 m。

③避免与任何液体和有害气体接触。

④不得倒置或卧放,不得叠放,不得承受重压。

⑤新蓄电池的存放时间不得超过 2 年。

任务 1.2　电路的基本概念

1.2.1　电路的概念

1. 电路的概念

电路就是电流所流过的路径,是由各种元器件连接而成的。

2. 电路的组成

电路通常由电源、负载、导线和开关组成。图 1.8 是一个最简单的电路。

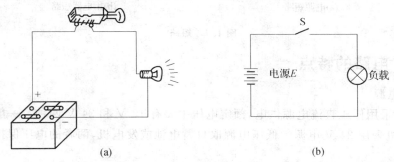

图 1.8　最简单的电路

(1) 电源

电源是为电路提供电能的设备,它将其他形式的能量转换为电能。例如生活中常用的干电池和汽车上使用的蓄电池将化学能转换为电能,太阳能电池将光能转换为电能,发电机将机械能转换为电能等。

(2) 负载

负载通常称为用电器,是将电能转换为其他形式的能量的设备。例如汽车上的电动机把电能转换成机械能,照明灯把电能转换为光能等。

(3) 导线

导线将电源和负载连接成闭合回路,并把电源的电能输送到用电设备。常见的连接导线是由铜、铝等材料制成的电线或电缆等。

(4) 开关

开关又称为控制器件,用来控制电路的通断、保护电路安全。控制器件除了传统的手动开关、熔断器外,现代汽车还大量使用电子控制器件,采用电子模块控制电路的通断,实现了用电设备的自动化控制。

1.2.2 电路的状态

(1)通路

通路的电源与负载接通,电路中有电流通过,电气设备或元器件获得所需的电压和电功率,进行能量转换。

(2)开路

开路又称断路,电路断开时没有电流通过,又称空载状态。

(3)短路

短路分为以下两种情况,通常在电路或电气设备中安装熔断器、保险丝等保险装置,以避免发生短路时出现不良后果。

①电源短路:如图1.9(a)所示,即电流不经过任何用电器,直接由正极经过导线流回负极,容易烧坏电源。

②用电器短路:如图1.9(b)所示,一根导线接在用电器的两端,此用电器被短路,容易产生烧毁其他用电器的情况。

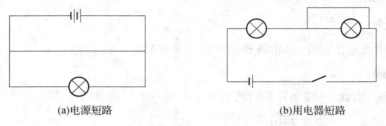

(a)电源短路　　　　　　　(b)用电器短路

图1.9　短路

1.2.3 汽车电路的特点

(1)低压直流电源

汽车电气系统采用低压直流电源供电,额定电压主要有12 V和24 V两种。一般来说,汽油机采用12 V电源,柴油机采用24 V电源。低压电源取自蓄电池或发电机,两者的电压保持一致。

(2)单线制

电源和用电设备之间用两根导线构成回路,这种连接方式称为双线制。在汽车上,电源和用电设备之间通常只用一根导线连接,另一根导线则由车体的金属机架作为另一公共"导线"而构成回路,这种连接方式称为单线制。由于单线制导线用量少,且线路清晰,安装方便,因此广为现代汽车采用,如图1.10所示。

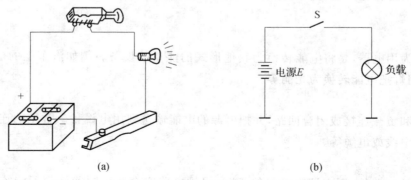

(a)　　　　　　　　　(b)

图1.10　汽车电路单线制

(3) 负极搭铁

采用单线制时,将蓄电池和发电机正极或负极与汽车车架相连,使车架带正电或负电,从而使安装在车架上的电气设备只需一根从电源另一极引出的导线就可构成回路,这称为正极或负极搭铁。

由于负极搭铁时对无线电干扰较小,因此,我国标准规定统一采用负极搭铁。

(4) 用电设备并联

汽车上所有用电设备都是用并联方式与电源连接,当某一支路用电设备损坏时,并不影响其他支路用电设备的正常工作。

(5) 汽车电路有颜色和编号的特征

为了便于区别各线路的连接,汽车所有低压导线必须选用不同颜色的单色或双色线,并在每根导线上标有编号。

任务1.3　电路的基本物理量

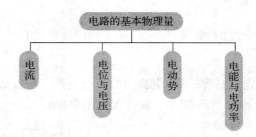

1.3.1　电流

电流是由电荷的定向移动而形成的。金属导体中的电流,是自由电子在电场力作用下运动而形成的。

1. 电流强度

电流就像水流,有大电流也有小电流,我们用电流强度描述某一电路电流的大小。单位时间内通过导体横截面的电量称为电流强度,简称电流,用 I 表示,即

$$I = \frac{Q}{t} \tag{1.1}$$

电流强度的单位为安培,简称安(A)。若一秒内通过导体横截面的电荷量是1库仑(C),则此时导体中的电流为1安培(A)。常用的电流单位还有毫安(mA)和微安(μA),三者换算关系如下:

$$1\text{ A} = 10^3 \text{ mA} = 10^6 \mu\text{A}$$

2. 电流方向

电流不仅有大小,而且有方向。电流的方向,习惯上规定以正电荷移动的方向为电流方向,它与自由电子移动的方向相反。

在分析与计算电路时,电流的实际方向往往无法预先确定,因而引入参考方向的概念。电路图中标注的电流方向通常都是参考方向,可用两种方法表示,如图1.11所示。

①箭头标注:箭头的指向为电流的参考方向。

②双下标表示:如 I_{AB},表示电流的参考方向由A指向B。

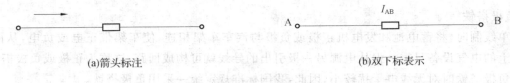

(a)箭头标注　　　　　　　　　　　　(b)双下标表示

图 1.11　参考方向表示法

可以先任意假设某一方向为电流参考方向,若电流计算结果为正值,说明电流的实际方向与参考方向相同;若计算结果为负值,说明电流的实际方向与参考方向相反,如图 1.12 所示。

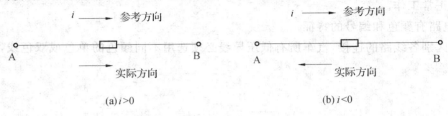

(a) $i>0$　　　　　　　　　　　　(b) $i<0$

图 1.12　电流实际方向与参考方向

电流的参考方向可以任意规定,电流的实际方向应结合电流参考方向与电流代数量的正负来确定。

1.3.2　电位与电压

电流是带电粒子定向移动形成的,那么,究竟是什么原因使带电粒子做定向移动呢?

1. 电位

就像空间的每一点都有一定的高度一样,电流中的每一点都有一定的电位。电位用字母 V 表示,不同点的电位用字母 V 加下标表示。例如,V_A 表示 A 点的电位。

计算高度首先要确定一个高度的起点,例如,一棵树高 10 m,这是从地面算起。计算电位也要先确定一个电位的起点,称为参考点,该点的电位值规定为 0。电位高于零电位为正值,电位低于零电位为负值。

电位的单位是焦耳/库仑(J/C),称为伏特,简称伏(V)。

2. 电压

电流是电荷的定向移动形成的,电荷定向移动的动力来源于电压,即在电压的作用下,电荷开始了定向移动。电源正极的电压最高,电源负极的电压最低。

电压是描述电场力对电荷做功的物理量。若一个电荷量为 q 的电荷在电场力的作用下由 A 点移到 B 点,电场力对该电荷做的功为 W_{AB},则 AB 两点间的电压计算公式为

$$U_{AB}=\frac{W_{AB}}{q} \tag{1.2}$$

由电压的定义可知,AB 两点之间的电压就是该两点之间的电位差,所以电压也称电位差,即

$$U_{AB}=V_A-V_B \tag{1.3}$$

电压的单位是伏特,简称伏(V)。较大的电压用千伏(kV)表示,较小的电压用毫伏(mV)表示。

$$1\ kV=10^3\ V,\quad 1\ V=10^3\ mV$$

电压的实际方向规定为从高电位点指向低电位点,即由"+"极性指向"-"极性。因此,在电压的方向上电位是逐渐降低的。

在电路图上标注电压参考方向有两种方法:一种方法是用双下标表示,另一种方法是用箭头标注,箭头的起点代表高电位点,终点代表低电位点,如图 1.13 所示。

在一些复杂电路中,某两点间电压的实际方向预先难以确定,先任意设定两点间电压的参考方向,若计算结果为正值,说明电压的实际方向与参考方向相同;若计算结果为负值,说明电压的实际方

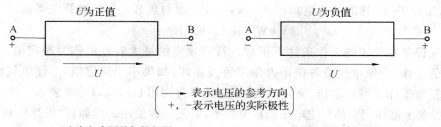

(a)正方向与实际的极性相同　　　　　　　(b)正方向与实际的极性相反

图 1.13　标准电压参考方向

向与参考方向相反。

应该指出:参考点选择不同,电位也不同,但两点间的电压不变,即电位与参考点有关,而电压与参考点无关。

1.3.3　电动势

在闭合电路中,要维持连续不断的电流,必须有电源。电源内有一种外力称为电源力,它能把正电荷从电源内部"－"极移到"＋"极,从而使正电荷沿电路不断地循环。

在干电池和汽车蓄电池中,电源力是靠电极与电解液间的化学反应而产生的,在发电机中,电源力由导体在磁场中做机械运动而产生。在电源内部,电源力把正电荷从负极移到正极所做的功 W_E 与正电荷电量 Q 的比值,称为该电源的电动势,用 E 表示,即

$$E=\frac{W_E}{Q} \tag{1.4}$$

电动势的单位为 V(伏特),功的单位为 J(焦),电荷的单位为 C(库)。

电动势的大小只取决于电源本身的性质,而与外电路无关。例如:干电池的电动势为 1.5 V,汽车用蓄电池的电动势为 24 V 和 12 V 两种。

电动势的方向,规定为电源的负极经电源内部指向正极,因此,在电动势的方向上电位是逐渐升高的。电源电动势的方向与电源两端电压的方向相反,如图 1.14 所示。

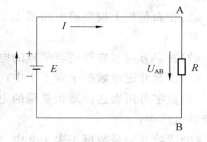

图 1.14　电动势和电压的正方向

1.3.4　电能与电功率

选用家用电器时,需要考虑电器消耗的电能,在符合使用要求的情况下,尽量选择耗电少的电器。那么,什么是电能?电能和哪些因素有关呢?

电流能使电灯发光、发动机转动、电炉发热,这些都说明电流通过电气设备时做了功,消耗了电能,我们把电气设备在工作时间消耗的电能用 W 表示。电能的大小与通过电气设备的电流和加在电气设备两端的电压以及通过的时间成正比,即

$$W=UIt \tag{1.5}$$

电能的单位是焦耳,简称焦(J)。

在实际应用中,考虑更多的是用电设备在一定时间内所消耗的电能。电气设备在单位时间内消耗的电能称为电功率,简称功率,用 P 表示,即

$$P=\frac{W}{t}=UI \tag{1.6}$$

电功率的单位是瓦特,简称瓦(W)。在电工应用中,功率的常用单位是千瓦(kW),电能的常用单位是千瓦时(kW·h),俗称度。1 kW·h 表示功率为 1 kW 的用电器工作 1 h 所消耗的电能。如

100 W的灯泡,工作10 h,其消耗的电功就是1 kW·h。度与焦耳之间的换算关系是

$$1\ \text{kW}\cdot\text{h}=3.6\times10^6\ \text{J}$$

我们把电气设备在给定的工作条件下正常运行而规定的最大容许值称为额定值。实际工作时,如果超过额定值工作,会使电气设备使用寿命缩短或损坏;如果小于额定值,会使电气设备的利用率降低甚至不能正常工作。额定电压、额定电流、额定功率分别用U_N,I_N,P_N来表示。

通常用电设备上都标明它的额定电压和额定功率,以便正确使用。例如,白炽灯标有220 V/40 W,表明该白炽灯在220 V额定电压下,消耗的功率为40 W。如果白炽灯两端的电压达不到220 V,白炽灯就会因消耗的功率小于40 W而亮度下降。

项目名称:直流电流、电压的测量

实训目的:

(1)学会使用数字万用表的电压挡和电流挡;

(2)学会测量电路中各电阻两端的电压;

(3)学会测量电路中流经各电阻的电流;

(4)学会简单电路的连接。

具体任务:

(1)查阅数字式万用表的正确使用方法及使用注意事项,观察数字万用表并找出电压挡和电流挡;

(2)在面包板上按实验电路图1.15接线,检查无误后,将直流稳压电源电压调至5 V,方可通电进行实验;

(3)数字万用表选择适当量程的电压挡位,把万用表并联接入被测电阻两端;

(4)读数并记录数据于表1.1中;

(5)数字万用表选择适当量程的电流挡位,将被测电阻所在支路断开某处,把万用表串联接入被测量的电路中;

(6)读数并记录数据于表1.2中。

工具和材料:

UT151A数字式万用表、直流稳压电源、电阻元件、面包板、连接导线。

实训电路:

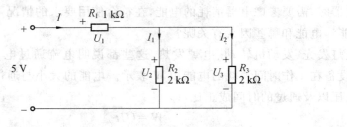

图1.15 实训电路图

实训记录:

1. **认识数字万用表**

(1)万用表的分类(图1.16)。

(2)数字式万用表的测量内容:直流电压、交流电压、直流电流、交流电流、电阻、二极管、三极管。主要用于测量电压(交直流)、电流(交直流)、电阻。

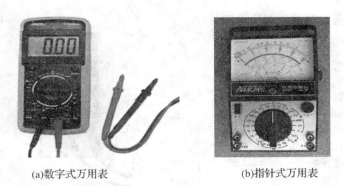

(a)数字式万用表　　　　(b)指针式万用表

图 1.16　万用表的分类

2. 测量直流电压

实训内容：分别测量 R_1，R_2，R_3 三个电阻两端的电压。

(1)在面包板上按实验电路图 1.15 接线，检查无误后，将电压源电压调至 5 V，方可通电进行实验。

(2)将万用表的红表笔插入"VΩ"插孔，黑表笔插入"COM"插孔。

(3)数字万用表选择适当量程的电压挡位，把万用表并联接入被测电阻两端，即按实验电路图 1.17 接入。

(4)读取电压值并将数据填入表 1.1 中。

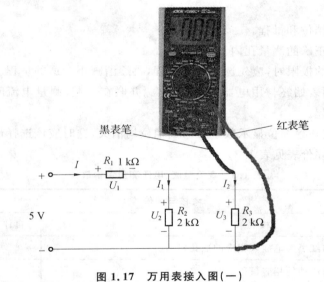

图 1.17　万用表接入图(一)

表 1.1　电压记录表

	U_1	U_2	U_3
电压值			
量程			

3. 测量直流电流

实训内容：分别测量流经 R_1，R_2，R_3 三个电阻的电流。

(1)在面包板上按实验电路图 1.15 接线，检查无误后，将电压源电压调至 5 V，方可通电进行实验。

(2)将万用表的红表笔插入"μA mA"插孔，黑表笔插入"COM"插孔。

(3)数字万用表选择适当量程的电流挡位，把将被测电阻所在支路断开某处，把万用表串联接入被测量的电路中，即按实验电路图 1.18 接入。

(4)读取电流值并将数据填入表1.2中。

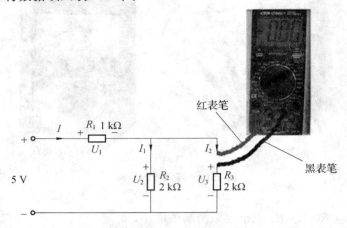

图1.18 万用表接入图(二)

表1.2 电流记录表

	I	I_1	I_2
电流值			
量程			

注意事项:

(1)注意选择正确的挡位和量程。

(2)红黑表笔要处于正确的测量孔内。

(3)在不知道被测值的极限时,应先选择最大量程,再逐渐减小合适的量程。

(4)测量电压时,万用表始终与用电器、元件或电源并联在一起;测量电流时,万用表始终与用电器、元件或电源串联在一起。

(5)满量程时,仪表仅在最高位显示数字"1",其他位均消失,这时应该选择最高的量程。

直流电流、电压测量评价表见表1.3。

表1.3 直流电流、电压测量评价表

考核与评价			
考核要求	自评	组评	师评
1.能准确地将数字万用表的红黑表笔插入相应的插孔(10)			
2.能准确旋转到电压挡和电流挡的相应量程(10)			
3.在面包板上能根据实训电路图连接电路并安全通电(20)			
4.能正确使用数字万用表测量电阻上的电压(10)			
5.在万用表上能正确读取电压值(5)			
6.得出准确的电压数据(10)			
7.能正确使用数字万用表测量电阻上的电流(10)			
8.在万用表上能正确读取电流值(5)			
9.得出准确的电流数据(10)			
10.着装规范、工位整齐(10)			
总体评价			
教师签名			

任务 1.4 电阻与电阻器

1.4.1 电阻

1. 电阻的概念

导体对电流阻碍作用的大小称为电阻,电阻越大表示对电流的阻碍作用越大。电阻用 R 表示,单位是欧姆,简称欧(Ω)。电阻的常用单位还有千欧($k\Omega$)、兆欧($M\Omega$)。

$$1\ M\Omega = 10^6\ \Omega,\quad 1\ k\Omega = 10^3\ \Omega$$

导体的电阻是客观存在的,它不随导体两端的电压变化而变化。实验证明:在一定温度下,导体的电阻大小与导体的长度 L 成正比,与导体的横截面积 S 成反比,并与导体材料的性质有关,即

$$R = \rho \frac{L}{S} \tag{1.7}$$

其中,ρ 为导体的电阻率,$\Omega \cdot m$。电阻率与导体的材料和温度有关(表1.4)。

表 1.4 常用金属材料的电阻率及用途

物质	温度 $t/℃$	电阻率 $\rho/(10^{-8}\Omega \cdot m)$	用途
银	20	1.586	导线镀银
铜	20	1.678	导线(主要的导电材料)
铝	20	2.654 8	导线
钨	27	5.65	白炽灯的灯丝
铁	20	9.71	铁锅、火炉
铅	20	20.684	蓄电池、保险丝

2. 电阻的分类

电阻按照阻值特性分为固定电阻、可调电阻和敏感电阻(指器件特性对温度、电压、湿度、光照、气体、磁场、压力等作用敏感的电阻器);按照制造材料分为碳膜电阻、金属膜电阻、绕线电阻、无感电阻、薄膜电阻等;按安装方式分为插件式电阻和贴片式电阻。在汽车电路板中,较多采用贴片式电阻。

常见电阻元件的外形及符号如图1.19和1.20所示。

3. 电阻的标识

电阻元件的主要参数(如标称阻值、额定功率、允许偏差等)可以用阿拉伯数字和符号直接标注在电阻上,也可以通过色环表示。

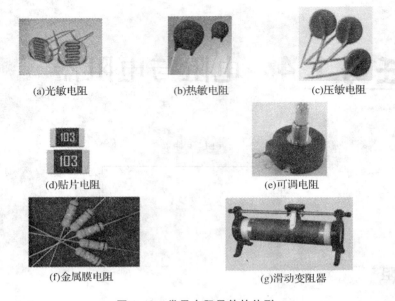

图 1.19　常见电阻元件的外形

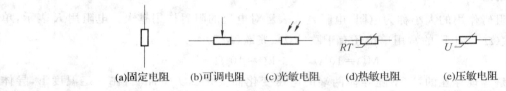

图 1.20　常见电阻元件的符号

（1）直标法

电阻器的标称阻值用阿拉伯数字和文字符号直接标在电阻体上,其允许偏差则用百分数表示,未标偏差值的即为±20%。

如图 1.21 所示的电阻标识方法即为直标法,其中左侧电阻标称值为 30 kΩ,偏差为±0.02%。右侧电阻标称值为 100 kΩ,偏差为±0.05%。

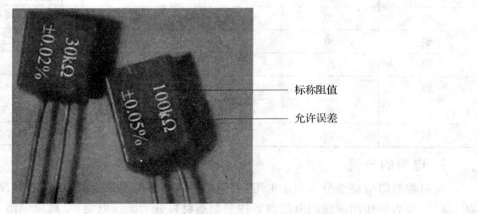

图 1.21　直标法

（2）色环表示法

将不同颜色的色环涂在电阻上来表示电阻的标称值及允许误差。各种颜色所对应的数值见表 1.5。

表 1.5 色标符号规定

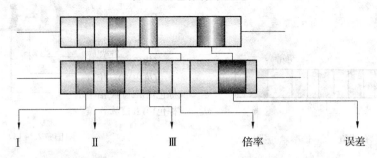

颜色	I	II	III	倍率	误差
黑	0	0	0	10^0	
棕	1	1	1	10^1	$\pm 1\%$
红	2	2	2	10^2	$\pm 2\%$
橙	3	3	3	10^3	
黄	4	4	4	10^4	
绿	5	5	5	10^5	$\pm 0.5\%$
蓝	6	6	6	10^6	$\pm 0.25\%$
紫	7	7	7	10^7	$\pm 0.1\%$
灰	8	8	8	10^8	
白	9	9	9	10^9	
金				10^{-1}	$\pm 5\%$
银				10^{-2}	$\pm 10\%$

利用色环表示电阻参数分为四色环和五色环两种方法。

四色环标记法:如图 1.22 所示,第一色环为十位有效数,第二色环为个位有效数,第三色环表示倍率,第四色环表示误差。例如:电阻的四环颜色为绿、蓝、橙、银,其阻值为 $56 \times 10^3 \Omega = 56$ kΩ,允许误差为 $\pm 10\%$。

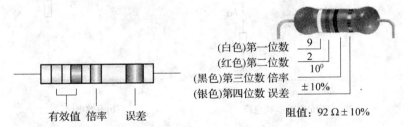

图 1.22 四色环标记法

五色环标记法:如图 1.23 所示,第一色环是百位有效数,第二色环是十位有效数,第三色环是个位有效数,第四色环表示倍率,第五色环是误差。例如:电阻的五环颜色为红、红、蓝、红、金,其阻值为 $226 \times 10^2 \Omega = 22.6$ kΩ,允许误差为 $\pm 5\%$。

在色环电阻的标识中,一般情况下离端部近的一环为首色环(第一色环),另一端则为末色环。在四色环电阻中一般用金色或银色环作为第四色环,五色环电阻通常是看端部环与相邻色环之间的间距来区分首色环和末色环,间距大的一端为末色环,如图 1.24 所示。

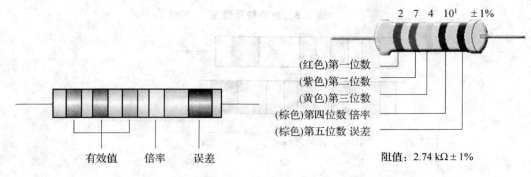

图 1.23 五色环标记法

图 1.24 常见电阻

1.4.2 电阻的连接

在电路中，电阻的连接形式是多种多样的，其中最简单和最常用的是串联与并联。

1. 电阻的串联

两个或两个以上电阻依次相连，组成无分支的电路，并且在这些电阻中通过同一个电流，这样的连接称为电阻的串联，如图1.25(a)所示。两个串联电阻可用一个等效电阻 R 来代替，如图1.25(b)所示。

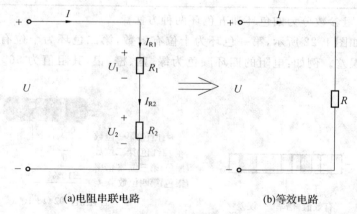

图 1.25 电阻的串联

电阻串联电路的特性：

（1）等效电阻（总电阻）等于各串联电阻之和，即

$$R=R_1+R_2+\cdots+R_n$$

（2）流过每个电阻的电流相等，即

$$I=I_{R1}=I_{R2}=\cdots=I_{Rn}$$

（3）总电压等于各电阻上电压之和，即

$$U=U_1+U_2+\cdots+U_n$$

(4)分压公式

$$\left.\begin{array}{l}U_1=U\times R_1/(R_1+R_2+\cdots+R_n)\\ U_2=U\times R_2/(R_1+R_2+\cdots+R_n)\\ \vdots\\ U_n=U\times R_n/(R_1+R_2+\cdots+R_n)\end{array}\right\} \quad (1.8)$$

由分压公式可见,串联电阻上电压的分配与电阻阻值的大小成正比。

如图1.25所示电路中只有两个电阻串联,其总电阻$R=R_1+R_2$;流过每个电阻的电流为$I=I_{R1}=I_{R2}=U/R=U/(R_1+R_2)$;电压关系为$U=U_1+U_2$;$U_1=U\times R_1/(R_1+R_2)$;$U_2=U\times R_2/(R_1+R_2)$。

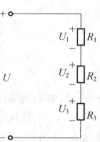

【例1.1】 如图1.26所示电路,已知$U=300$ V,$R_1=150$ kΩ,$R_2=100$ kΩ,$R_3=50$ kΩ,求电阻R_1,R_2,R_3上电压各为多少?

解 (1)根据分压公式

$$U_1=\frac{R_1}{R}U=\frac{150}{150+100+50}\times300=150(\text{V})$$

图1.26 串联电路图

(2)根据分压公式

$$U_2=\frac{R_2}{R}U=\frac{150}{150+100+50}\times300=100(\text{V})$$

同理:$U_3=\frac{R_3}{R}U=\frac{150}{150+100+50}\times300=50(\text{V})$

即电阻R_1,R_2,R_3上电压分别为150 V、100 V、50 V。

2. 电阻的并联

如果在一个电路中,有两个或更多电阻的首端、尾端分别相连在一起,各电阻两端的电压相等,这种连接方式称为电阻的并联,如图1.27(a)所示。两个并联电阻也可以用一个等效电阻R来代替,如图1.27(b)所示。

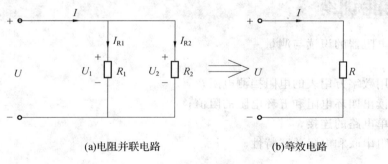

(a)电阻并联电路　　　　　　　　(b)等效电路

图1.27 电阻的并联

电阻并联电路的特点:

(1)等效电阻(总电阻)的倒数等于各电阻的倒数之和,即

$$\frac{1}{R}=\frac{1}{R_1}+\frac{1}{R_2}+\cdots+\frac{1}{R_n}$$

若n个阻值都为R_0的电阻并联,等效电阻$R=\dfrac{R_0}{n}$。

若两个电阻R_1,R_2并联,等效电阻

$$R=\frac{R_1R_2}{R_1+R_2} \quad (1.9)$$

可见,并联电路的等效电阻小于任何一个并联的电阻。

(2)各电阻两端的电压相等,即

$$U=U_1=U_2=\cdots=U_n$$

(3)总电流等于各电阻上的电流之和,即

$$I = I_1 + I_2 + \cdots + I_n$$

(4)分流公式

$$\left.\begin{aligned} I_1 &= \frac{R}{R_1} I \\ I_2 &= \frac{R}{R_2} I \\ &\vdots \\ I_n &= \frac{R}{R_n} I \end{aligned}\right\} \quad (1.10)$$

可见,并联电阻上电流的分配与电阻成反比。

汽车上的用电设备,如喇叭、照明灯、电动机等都是并联在直流电源两端,并联电路的优点就在于各个电气设备能单独工作,互不影响。

【例1.2】 如图1.28所示电路,已知 $U=24$ V, $R_1=12$ Ω, $R_2=6$ Ω,求等效电阻 R、总电流 I 和各电阻上的电流 I_1 和 I_2。

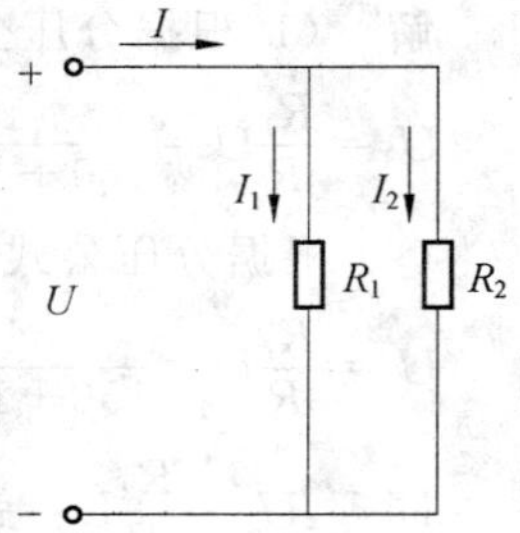

解 $R = \dfrac{R_1 R_2}{R_1 + R_2} = \dfrac{12 \times 6}{12 + 6} = 4(\Omega)$

$I = \dfrac{U}{R} = \dfrac{24}{4} = 6(A)$

$I_1 = \dfrac{R}{R_1} I = \dfrac{4}{12} \times 6 = 2(A)$

$I_2 = I - I_1 = 6 - 2 = 4(A)$

即等效电阻 R 为 4 Ω,总电流 I 为 6 A,电阻 R_1 上流过的电流 I_1 为 2 A,电阻 R_2 上流过的电流 I_2 为 4 A。

图1.28 并联电路图

技能训练

项目名称: 电阻器的识读与测量

实训目的:

(1)学会使用数字万用表的电阻挡测电阻;
(2)能正确读出四环电阻和五环电阻的阻值;
(3)学会简单电路的连接;
(4)验证电阻串联和电阻并联特性。

具体任务:

(1)观察数字万用表,找到电阻挡及各个量程挡位;
(2)根据色环规定表1.5读出四环和五环电阻阻值及误差,将结果填入表1.6中;
(3)在数字万用表上选择合适的电阻挡量程;
(4)将数字万用表的红黑表笔分别接触电阻的两端,读电阻值并将结果填入表1.6中;
(5)测量人体电阻并记录;
(6)将两个电阻串联后,测量总电阻并记录;
(7)将两个电阻并联后,测量总电阻并记录。

工具和材料:

数字万用表、四环和五环电阻元件、矿泉水、面包板。

实训记录:

1. 电阻器的识读

(1)观察四环电阻,判断出首尾环,将电阻颜色和识读值填入表1.6。

(2)将万用表的红表笔插入"VΩ"表孔,黑表笔插入"COM"插孔。

(3)将万用表挡位旋至电阻挡并根据识读电阻值选择合适的量程,将红黑表笔分别接触电阻器的两端,注意两手不要和电阻器及表笔头接触,读数并将结果填入表1.6。

(4)用同样的方法识读和测量五环电阻。

表1.6 电阻阻值记录表

		四环电阻		五环电阻	
		R_1	R_2	R_1	R_2
识读值	阻值				
	误差				
色环颜色					
测量值					

2. 测量人体电阻

(1)万用表置于20 MΩ挡,左右手分别用力捏住红黑表笔,测量自身人体两臂间的电阻,将结果填入表1.7中。

(2)两手沾少许水后,再重做上一步骤。

表1.7 人体电阻

	成员一	成员二	成员三	成员四	成员五	成员六
姓名						
两手干燥						
两手湿润						

3. 验证电阻串并联特性

(1)电阻串联特性

将两个电阻首尾依次连接组成串联电阻,用万用表的欧姆挡测量串联后的总电阻R并填入表1.8,如图1.29(a)所示。

(2)电阻并联特性

将两个电阻的首尾分别连接组成并联电阻,用万用表的欧姆挡测量并联后的总电阻R并填入表1.8,如图1.29(b)所示。

表1.8 电阻串并联阻值记录表

连接方式	串联			并联		
	分电阻R_1	分电阻R_2	总电阻R	分电阻R_1	分电阻R_2	总电阻R
测量值						

通过观察表1.8中的数据,得到:

电阻串联时,电路中的总电阻R_____(增大、减小);电阻并联时,总电阻R要_____(增大、减小),并且比并联的任何一个分电阻阻值都_____(大、小)。

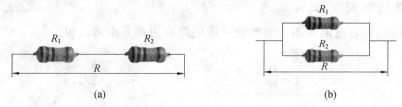

图1.29 电阻串并联连接

注意事项：
(1)红黑表笔要处于正确的测量孔内。
(2)测量电阻满量程时，仪表仅在最高位显示数字"1"，其他位均消失，这时应该选择更大的量程。
(3)断电测量电路中的电阻，注意双手不要接触到电阻及万用表的表笔头。

电阻器的识读与测量评价表见表1.9。

表1.9 电阻器的识读与测量评价表

考核与评价			
考核要求	自评	组评	师评
1. 能正确将数字万用表的红黑表笔插入相应的插孔中(5)			
2. 能准确识读四环和五环电阻的阻值(15)			
3. 能正确使用数字万用表测量电阻并读数(15)			
4. 能准确完成电阻的串联和并联电路连接(20)			
5. 能正确使用数字万用表测量两种连接方式下的总电阻(20)			
6. 得出串并联连接方式下的正确结论(10)			
7. 小组间协作、交流与沟通(10)			
8. 着装规范、工位整齐(5)			
总体评价			
教师签名			

任务1.5 欧姆定律与焦耳定律

1.5.1 欧姆定律

流过电阻的电流 I 与其两端电压 U 成正比，与电阻值 R 成反比，这就是英国物理学家欧姆在实验中发现的欧姆定律，它是分析电路的基本定律之一。

1. 部分电路的欧姆定律

如图1.30所示，只有电阻而不含电源的一段电路称为部分电路。根据欧姆定律可写出

图1.30 部分电路

$$I = \frac{U}{R} \tag{1.11}$$

或

$$R=\frac{U}{I}$$

或

$$U=IR \tag{1.12}$$

式中,I 为电流,A;U 为电压,V;R 为电阻,Ω。

此表达式称为部分电路的欧姆定律,部分电路中电阻两端的电压与流经电阻的电流之间的关系曲线称为电阻的伏安特性曲线,如图 1.31 所示。

2. 全电路的欧姆定律

含有电源和负载的闭合电路称为全电路。其中电源内部的电路称为内电路,电源外部的电路称为外电路,如图 1.32 所示。

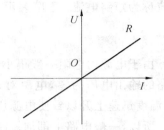

图 1.31 电阻的伏安特性曲线

实验证明:在全电路中,通过电路的电流与电源电动势成正比,与电路总电阻(R_L+R_0)成反比。这就是全电路的欧姆定律,可用公式表示为

$$I=\frac{E}{R_0+R_L} \tag{1.13}$$

式中,I 为电流;E 为电源的电动势,V;R_0 为内电路电阻,即电源内阻;R_L 为外电路的电阻。

【例 1.3】 如图 1.32 所示电路中,已知电源电动势 $E=12$ V,内阻 $R_0=2$ Ω,负载电阻 $R_L=10$ Ω。求:(1)电路中的电流;(2)负载电阻 R_L 上的电压;(3)电源内阻上的电压降。

解 根据全电路欧姆定律得:$I=\dfrac{E}{R_0+R_L}=\dfrac{12}{2+10}=1(\text{A})$

$$U=IR_L=1\times10=10(\text{V})$$
$$U_0=IR_0=1\times2=2(\text{V})$$

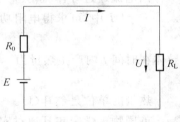

图 1.32 全电路

即电路中的电流为 1 A,负载电阻 R_L 上的电压为 10 V,电源内阻上的电压降为 2 V。

1.5.2 电路的三种状态

1. 通路(负载)状态

如图 1.33 所示,开关 S 闭合,电源与负载接通成闭合回路,电路中有电流流过,并有能量的传输和转换,称电路处于负载状态。负载状态的电路特征是

$$I=\frac{E}{R_0+R_L} \tag{1.14}$$

$$U=IR_L=E-IR_0 \tag{1.15}$$

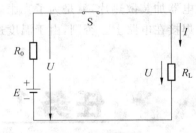

图 1.33 通路状态

通路时电源产生的电功率等于负载从电源得到的功率和电源内部消耗的功率之和,即功率是平衡的。

2. 断路(空载)状态

如图 1.33 所示,开关 S 断开,电路不通,电路中没有电流,电源和负载之间也没有能量的传输和转换,称为电路的断路(空载)状态。

空载状态电路的特征是

$$I=0$$
$$U=E$$

3. 短路状态

图 1.34 中，若外电路电阻 R_L 用导线代替，则电路中仅有电源内阻 R_0，电路中的电流全部从导线流过，这时的电路处于短路状态，电路中的电流称为短路电流，用 I_S 表示。由全电路欧姆定律可知

$$I_S = \frac{E}{R_0} \tag{1.16}$$

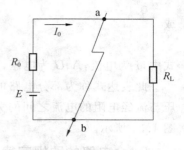

图 1.34 电源短路

由于电源内电阻一般很小，所以短路电流比负载电流大得多。此时电路的输出电压为零，电源对外不输出功率。电源功率全部转换为热能，温度迅速上升以致使电源烧毁，也会使连接导线发热起火，引起电火灾。所以，一般电路上都加短路保护装置。

汽车采用单线制，当连接电气设备的导线绝缘损坏时，裸铜导体就直接与车体的金属部分相碰，容易造成短路故障。所以，汽车电路中一方面加装短路保护装置，另一方面对连接导线的绝缘性能提出较高要求。

1.5.3 焦耳定律

当电流通过导体时，会产生热量，称电流的热效应。选好电压、电流参考方向后，将式 $U=IR$ 代入式 $P=UI$ 中，可求得电阻功率的计算公式为

$$P = I^2 R = U^2/R \tag{1.17}$$

导体在时间 t 内产生热量为

$$Q = Pt = I^2 Rt \tag{1.18}$$

热量的单位是焦耳(J)。

英国物理学家焦耳通过实验证明：电流通过导体产生的热量 Q 与电流 I 的平方、导体的电阻 R 以及通电时间 t 成正比，这一结论称为焦耳定律。

电流热效应在电工和电子技术中有利也有弊。如：熔断器是利用电流的热效应熔断熔丝切断电源的；汽车上的油压表和水温表指针偏转，是靠电流通过加热线圈让金属片受热变形带动的。许多用电器加装散热片，就是为了克服电流的热效应。如电子电路中的功率放大管通常装在散热板上后才焊接在电路上。否则，由于温度过高，不仅加速电路老化，而且会烧坏电气设备。

任务1.6 电磁感应

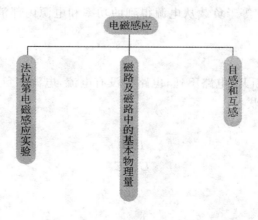

1.6.1 法拉第电磁感应实验

1820年7月奥斯特发现了电流的磁效应后,法拉第(M. Faraday,英,1791—1867)仔细分析了电流的磁效应等现象,认为磁也应该能产生电。经过多年的实验研究,法拉第于1831年总结出电磁感应的规律。

如图1.35所示,由导体AB、电流表构成的闭合回路ABCD中,当AB在磁场中左右运动时,电路中电流表的指针发生偏转。若保持导体不动,让磁铁左右运动,电流表的指针也会发生偏转。这个实验现象说明,当AB沿切割磁力线方向运动时,有感应电动势产生,并产生感应电流。

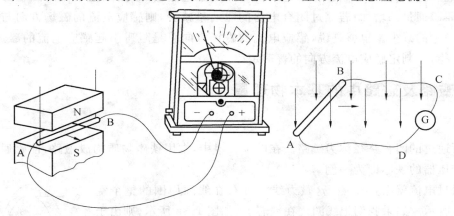

图 1.35 电磁感应试验(一)

如图1.36所示,当闭合或断开电路时,或电路闭合后,用变阻器改变线圈A中的电流时,穿过线圈B的磁通量发生变化,电流表指针也会发生偏转,说明线圈B中产生了感应电流。

再进行下面的实验:在线圈A中加入铁芯,电路闭合后,线圈A就是电磁铁。若线圈A上下运动,则电流表的指针左右摆动,说明线圈B中有电流产生,并且方向与线圈B中磁通量的变化有关。若线圈A不动,且电流保持不变,则电流表的指针不动,说明线圈B中没有电流产生。

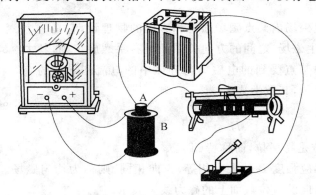

图 1.36 电磁感应试验(二)

上述两个实验证明:

当闭合电路中的导体切割磁力线运动或穿过闭合线圈的磁通量发生变化时,电路中就有电流产生。如图1.35所示的回路可以看成单匝线圈,故导体中的电流也是由于磁通量的变化引起的。因此这种由于磁通量的变化而产生电流的现象称为电磁感应现象,产生的电流称为感应电流。

在电磁感应现象中,闭合电路中有感应电流产生,那么电路中必有电动势存在。无论电路是否闭合,只要穿过电路的磁通量发生变化就有感应电动势产生。产生感应电流的电动势称为感应电动势。

在上面的实验中可以知道,在不同的情况下感应电流的方向是不同的,该怎样判定感应电流的方向呢?

(1)右手定则

当闭合电路中的一部分导体切割磁感线时,产生的感应电流的方向可用右手定则来判定。

伸开右手,使大拇指与其余四指垂直,并且都与手掌在同一个平面内,让磁感线垂直穿过掌心,大拇指指向导线切割磁感线的方向,则四指所指的方向即为感应电流的方向。

(2)穿过闭合电路的磁通量发生变化时,产生的感应电流的方向可用楞次定律来判定

具体步骤是:

①明确原磁场的方向,确定穿过闭合电路的磁通量是增加还是减少。

②判定感应电流的磁场方向。若穿过闭合电路的磁通量增加,则感应电流的磁场方向与原磁场方向相反,阻碍磁通量的增加;若穿过闭合电路的磁通量减少,则感应电流的磁场方向与原磁场方向相同,阻碍磁通量的减少。也就是说,感应电流的磁场方向总是阻碍引起感应电流的磁通量的变化,这就是楞次定律,是判定感应电流方向的普遍定律。

1.6.2 磁路及磁路中的基本物理量

1. 磁路

磁力线所通过的闭合路径称为磁路。在电工技术中,常用铁磁物质构成磁路,使磁通集中在规定的路径中。变压器的铁芯即为一例。

线圈中通过电流就会产生磁场,磁力线将分布在线圈周围的整个空间,如图 1.37 所示。如果我们把线圈绕在铁芯上,如图 1.38 所示,则由于铁磁物质的优良导磁性能,电流所产生的磁力线基本上都局限在铁芯内。不仅如此,在同样大小的电流作用下,有铁芯时磁通将大大增加。也就是说,用较小的电流可以产生较大的磁通,这就是在电磁器件中采用铁芯的原因。

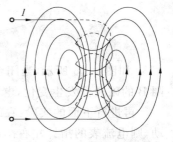

图 1.37 空心线圈磁场

2. 磁路问题中要用到的几个物理量

(1)磁感应强度 B

磁感应强度用来描述磁场内某点磁场强弱和方向的物理量,它是一个矢量。它与电流(电流产生磁场)之间的方向关系满足右手螺旋定则,其大小可用通电导体在磁场中某点受到的电磁力与导体中的电流和导体的有效长度的乘积的比值来表示,其数学式为

$$B = \frac{F}{IL} \qquad (1.19)$$

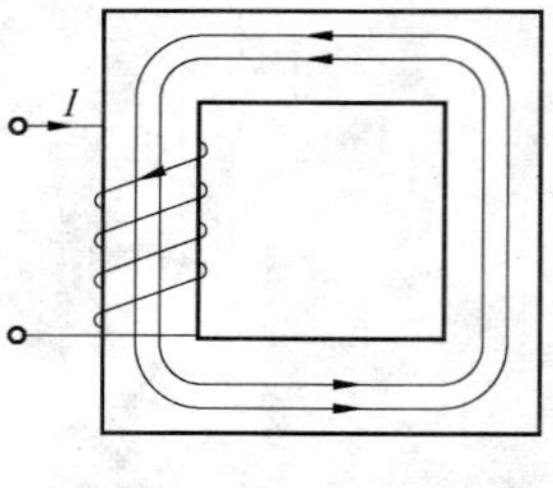

磁感应强度 B 的单位是特斯拉,简称特(T)。

图 1.38 铁芯线圈磁场

如果磁场内各点磁感应强度 B 的大小相等,方向相同,则称为均匀磁场。在均匀磁场中,B 的大小可用通过垂直于磁场方向的单位截面上的磁力线来表示。

(2)磁通 Φ

磁感应强度 B(如果不是均匀磁场,则取 B 的平均值)与垂直于磁场方向的面积 S 的乘积称为通过该面积的磁通 Φ,即

$$\Phi = BS \qquad (1.20)$$

Φ 的单位是韦伯,简称韦(Wb)。

可见,磁感应强度在数值上可以看成与磁场方向相垂直的单位面积所通过的磁通,故又称为磁通密度。

(3) 磁导率 μ

不同的介质,其导磁能力不同。磁导率 μ 是表示磁场介质导磁能力的物理量,它与磁场强度的乘积就等于磁感应强度,即

$$B = \mu H \tag{1.21}$$

磁导率 μ 的单位是亨/米(H/m)。

(4) 磁场强度 H

磁场强度是计算磁场时所引用的一个物理量,也是个矢量。磁场内某点的磁场强度的大小等于该点磁感应强度除以该点的磁导率,即

$$H = \frac{B}{\mu} \tag{1.22}$$

式中,H 的单位是安/米(A/m)。

1.6.3 自感和互感

1. 自感

当线圈中的电流发生变化时,线圈本身就产生感应电动势,且总是阻碍线圈中电流的变化。这种由于导体本身的电流发生变化而产生的电磁感应现象,称为自感现象,简称自感。

自感现象在各种电气设备和无线电技术中有广泛的应用,日光灯的镇流器就是利用自感现象的一个例子。当然自感现象也有不利的一面。在自感系数很大而电流又很强的电路(如大型电动机的定子绕组)中,切断电路的瞬间,由于电流在很短的时间内发生很大的变化,会产生很高的自感电动势,在断开处形成电弧,这不仅会烧坏开关,甚至会危及工作人员的安全。因此,切断这类电路时必须采用特制的安全开关。

汽车中的后窗除雾器、汽车空调、油泵控制、雾灯、冷却风扇控制、大灯控制等电路,所用到的电磁继电器(图1.39),当电路闭合时,继电器线圈由于自感现象会产生电动势阻碍线圈中电流的增大,从而延长了继电器吸合时间,并联上电阻后则可以缩短吸合时间,且有限流保护作用。

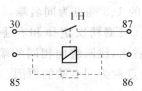

图1.39 电磁继电器

2. 互感

互感现象是指一个线圈中的电流变化而使另一个线圈产生感应电动势的现象(图1.40)。互感现象产生的电动势称为互感电动势。

变压器由铁芯和绕组两大部分组成的(图1.41),它是利用互感原理工作的一种典型器件。变压器的初、次级电压之比(U_1/U_2)等于线圈的匝数之比(N_1/N_2)。

变压器无论在电力系统还是电子电路中都有十分广泛的应用。如汽车点火系中的点火线圈就是一个升压变压器,就是利用互感原理工作的。图1.42所示为汽车中开磁路点火线圈,电路中初级绕组3共有300多匝,次级绕组4却有20 000匝以上,当断电器触点张开时,由于绕组3中的电流变化引起磁场变化,会在次级绕组4中产生高达10 kV以上的互感电动势。这么高的电压加在火花塞电极两端,会引起火花塞极间跳火,点燃缸中的可燃混合气,使发动机工作。

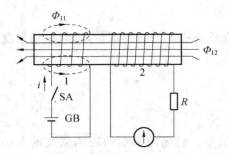
图 1.40 互感电路

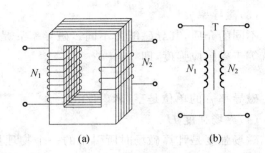
图 1.41 变压器

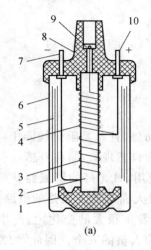
(a)

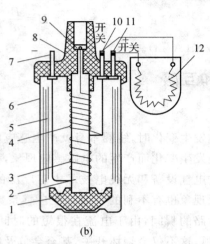
(b)

图 1.42 开磁路点火线圈

1—瓷杯；2—铁芯；3—初级绕组；4—次级绕组；5—铜片；6—外壳；7—"-"接线柱；
8—胶木盖；9—高压线插座；10—"+"或"开关"接线柱；11—"+开关"接线柱；12—附加电阻

3. 同名端

互感电动势的方向不仅与磁通的变化趋势有关，还与线圈的绕向有关。为此，有必要引入描述线圈绕向的概念——同名端。所谓同名端，就是绕在同一铁芯上的线圈其绕向相同的接线端。在图 1.43(a)中，线圈 AB 中的 1、3 端点为同名端，2、4 端点也是同名端。在图 1.43(a)中 SA 闭合瞬间，线圈 A 的"1"端电流增大，根据楞次定律和右手螺旋定则可以判断出各线圈感应电动势的极性如图 1.43(b)所示。从图中看出，线圈绕向相同的端点，其自感或互感电动势的极性始终是相同的。这也是人们把绕向相同的端点称为同名端的原因。

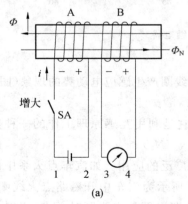
(a)

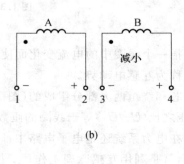
(b)

图 1.43 互感线圈的同名端

任务 1.7 电容器与电感器

1.7.1 电容器

电容器（简称电容）是电子设备中常用的一种电子元器件，一般在电路中起滤波、旁路、耦合、调谐、波形变换以及产生脉冲等作用。

电容器是一种储能元件，它能将电能转化为电场能储存在电容器中。

电容器能够在极板上储存电荷，将电能转化为电场能。在电路中用图1.44中的符号表示电容器，其外形如图1.45所示。

电容器的容量用 C 来表示，其单位为法拉，简称法，符号为F；在实际应用中电容器的单位还有 pF 和 μF，它们之间的换算为

$$1\ F = 10^6\ \mu F = 10^{12}\ pF$$

电容器在汽车电路中得到广泛应用，如图1.46所示的汽车点火电路中，为了消除一次线圈中自感电流的不利影响，保护触点，在断电器触点间并联有电容器。当断电器触点分开时，自感电流向电容器充电，减小了断电器触点间的火花，防止触点烧蚀，吸收触点分开时的电能，加速初级电流和磁通的衰减，从而提高了次级电压。

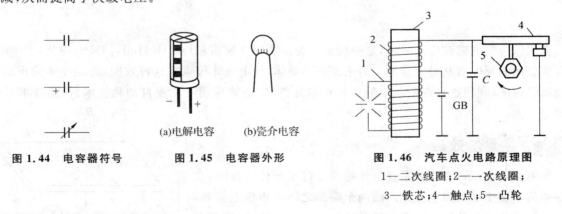

图 1.44 电容器符号　　图 1.45 电容器外形　　图 1.46 汽车点火电路原理图
　　　　　　　　　　　(a)电解电容　(b)瓷介电容　　1—二次线圈；2—一次线圈；
　　　　　　　　　　　　　　　　　　　　　　　　　3—铁芯；4—触点；5—凸轮

1.7.2 电感器

电感器（简称电感，图1.47）在电路中虽然使用的不是很多，但它们在电路中同样重要。电感器和电容器一样，也是一种储能元件，它能把电能转变为磁场能，并在磁场中储存能量。它经常和电容器一起工作，构成 LC 滤波器、LC 振荡器等。另外，人们还利用电感的特性，制造了扼流圈、变压器、继电器等。

图 1.47 电感器的符号

电感器的特性恰恰与电容器的特性相反，它具有阻止交流电通过而让直流电通过的特性。

固定电感器主要用于电视机、摄像机、录像机、微处理机、微电机及其他电子设备和通信设备中，起谐振、耦合、延迟、滤波、陷波扼流抗干扰等作用。

小小的收音机上就有不少电感线圈,几乎都是用漆包线绕成的空心线圈或在骨架磁芯、铁芯上绕制而成的。有天线线圈(它是用漆包线在磁棒上绕制而成的)、中频变压器(俗称中周)、输入输出变压器等。常用电感器的外形如图1.48所示。

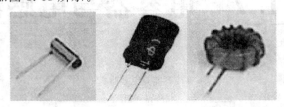

图1.48 常用电感器的外形

电感器的电感量用 L 表示,其国际单位为亨利,符号为 H。由于这个单位较大,所以通常使用较小的单位,例如:毫亨、微亨,它们的符号分别为 mH 和 μH。它们之间的互换关系如下:

$$1\ H=10^3\ mH,\quad 1\ mH=10^3\ \mu H$$

电感的主要用途是互耦线圈。即两个互相独立的线圈,在其中一个线圈中建立磁场,由此会在另一个线圈中产生电压。这便是我们前面所讲到的"互感"现象。这种线圈广泛地应用于变压器中。

任务1.8 霍尔效应

霍尔效应是电磁效应的一种,这一现象是美国物理学家霍尔(A. H. Hall,1855—1938)于1879年在研究金属的导电机制时发现的。后来发现半导体、导电流体等也有这种效应,而半导体的霍尔效应比金属强得多,利用这种现象制成的各种霍尔元件,广泛地应用于工业自动化技术、检测技术及信息处理等方面。

1.8.1 霍尔效应

如图1.49所示,当电流垂直于外磁场通过半导体薄片时,在半导体的垂直于磁场和电流方向的两个端面之间会出现电势差,这一现象就是霍尔效应。这个电势差被称为霍尔电势差(霍尔电压),用 U_H 表示。

图1.49 霍尔效应原理图
I—电流;B—磁场;U_H—霍尔电压

1.8.2 霍尔器件

根据霍尔效应做成的霍尔器件,用它们可以检测磁场及其变化,可在各种与磁场有关的场合中使用。霍尔器件具有结构简单、牢固、体积小、质量轻、寿命长、安装方便、功耗小、频率高(可达1 MHz)、耐震动,不怕灰尘、油污、水汽及盐雾等的污染或腐蚀等优点,因此在汽车、自动化、计算机等领域得到广泛应用。

现代技术的汽车配有很多传感器,而其中霍尔传感器就是作为汽车"感觉器官"的传感器将各种输入参量转换为电信号。这些电信号是为调节和控制发动机管理系统、安全系统和舒适系统所必需的。因此霍尔传感器被广泛应用在发动机、底盘和车身的各个系统中,担负着信息的采集和传输的功用。各个系统的控制过程正是依靠传感器及时识别外界的变化和系统本身的变化,再根据变化的信息去控制系统本身的工作的。因此霍尔传感器在汽车电子控制和自诊断系统中是非常重要的装置。

迄今,已在汽车中各个系统广泛应用的霍尔器件有:①在分电器中作为信号传感器;②在无分电器点火系中作为发动机转速和曲轴角度传感器及点火脉冲触发器;③作为各种开关;④作为汽车速度表和里程表;⑤作为防抱死制动系(ABS)中的轮速传感器;⑥在车用无刷直流电机中作为位置传感器和电流换向器;⑦作为各种液体检测器;⑧作为各种用电负载的电流检测及其工作状态诊断;⑨在OBD-Ⅱ型车载诊断器中作为发动机熄火检测;⑩作为自动制动系(替代手制动)中的速度传感器;⑪作为蓄电池充电的电流控制器。还可用于导航系、变速器控制、汽车生产线自动控制以及公路挠性路面的检测等。

下面简单介绍几种霍尔器件在汽车中的应用。

1. 霍尔式转速传感器

图1.50是几种不同结构的霍尔式转速传感器。磁性转盘的输入轴与被测转轴相连,当被测转轴转动时,磁性转盘随之转动,固定在磁性转盘附近的霍尔传感器便可在每一个小磁铁通过时产生一个相应的脉冲,检测出单位时间的脉冲数,便可知被测转速。磁性转盘上小磁铁数目的多少决定了传感器测量转速的分辨率。

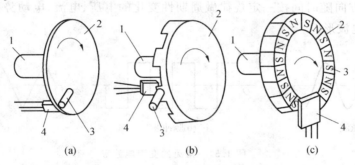

图1.50 几种不同结构的霍尔式转速传感器
1—输入轴;2—转盘;3—小磁铁;4—霍尔传感器

2. 霍尔式点火脉冲发生器

在汽车点火系中,设计者将霍尔传感器放在分电器内取代机械断电器,用作点火脉冲发生器。这种霍尔式点火脉冲发生器随着转速变化的磁场在带电的半导体层内产生脉冲电压,控制ECU的初级电流。相对于机械断电器而言,霍尔式点火脉冲发生器无磨损免维护,能够适应恶劣的工作环境,还能精确地控制点火正时,能够较大幅度提高发动机的性能,具有明显的优势。

总之,霍尔器件通过检测磁场变化,转变为电信号输出,可用于监视和测量汽车各部件运行参数的变化。例如位置、位移、角度、角速度、转速等,并可将这些变量进行二次变换;可测量压力、质量、液位、流速、流量等。霍尔器件输出量直接与电控单元接口,可实现自动检测。目前的霍尔器件都可承受一定的振动,可在-40~150 ℃范围内工作,全部密封不受水油污染,完全能够适应汽车的恶劣工作环境。

任务 1.9 正弦交流电

交流电被广泛应用于人们日常的生产和生活中,如人们家里日常使用的电,工厂企业使用的电,汽车维修生产等几乎都是使用交流电。与直流电相比,交流电在产生、输送和使用方面具有明显的优点和重大意义。即使在大量需要使用直流电的场合,如汽车蓄电池充电等,也可将交流电利用整流设备整流为直流电使用。

我们将大小和方向随时间按一定规律做周期性变化的电压、电流、电动势称为交流电。图 1.51 为常见的几种交流电波形。

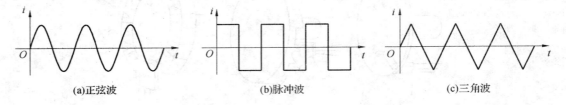

图 1.51 常见的交流电波形

日常所用的交流电源(含信号源)其电压、电流和电动势一般都是随时间按正弦规律变化的,故称之为正弦交流电源或正弦交流信号,统称正弦量。

1.9.1 单相正弦交流电

1. 单相交流电的产生

在图 1.52 中,将一个可以绕固定转动轴转动的单匝线圈 abcd 放在匀强磁场中,将 a,d 两端连接到铜环上,铜环通过电刷与电路相连接。当线圈在外力作用下在磁场中以角速度 ω 匀速转动时,线圈中的 ab 边和 cd 边做切割磁感应线运动,线圈中产生感应电动势,电压表显示电压值,若将 a,d 点与电路连接形成闭合回路时,电路中有电流流过。而 bc 边和 ad 边在运动过程中不切割磁感应线,不产生感应电流。

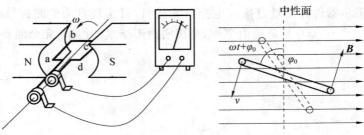

图 1.52 单相交流电产生原理图

2. 正弦交流电的三要素

正弦交流电的电动势、电压和电流分别可用三角函数式表示，如

$$\left.\begin{array}{l} e = E_m \sin \omega t \\ u = U_m \sin \omega t \\ i = I_m = \sin \omega t \end{array}\right\} \quad (1.23)$$

式中，小写字母 e, u, i 是这些量的瞬时值。图 1.53 为正弦交流电动势的波形图。

正弦交流电由交流发电机产生。要正确地描述正弦交流电还需知道其周期、频率和角频率；相位、初相位和相位差；最大值和有效值这三类数值，它们统称为正弦交流电的三要素。

(1) 周期、频率和角频率

正弦量变化一周所需的时间称为周期，用 T 表示，单位为秒(s)。每秒变化的次数称为频率，用 f 表示，单位为赫兹(Hz)。周期和频率互为倒数，即

$$f = \frac{1}{T} \quad (1.24)$$

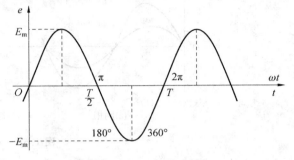

图 1.53 正弦交流电动势的波形图

我国和世界上很多国家电网工业频率(简称工频)为 50 Hz，美国、日本等国家的工频为 60 Hz。高频加热炉频率为 200~300 kHz。无线电通信频率为 30 kHz~3×10⁴ MHz。

正弦量变化的快慢还可用角频率 ω 来表示，因为正弦量一周期内经历弧度为 2π，所以其角频率为

$$\omega = 2\pi f = \frac{2\pi}{T} \quad (1.25)$$

它的单位为弧度每秒(rad/s)。

(2) 最大值和有效值

交流电在某一瞬间的数值称为瞬时值，规定用小写字母表示，例如 e, u, i 分别表示正弦电动势、电压、电流的瞬时值。在一周期内出现的最大瞬时值称为最大值，也称为幅值，分别用字母 E_m, U_m, I_m 表示。

最大值只是交流电在变化过程中某一瞬间的数值，不能用来代表交流电在一段较长的时间内做功的平均效果。交流电的有效值是以其热效应与直流电比较后确定的量值。正弦交流电的有效值 1 A 或 1 V 所产生的热效应与直流电 1 A 或 1 V 所产生的热效应相同。

$$E = \frac{E_m}{\sqrt{2}}, \quad U = \frac{U_m}{\sqrt{2}} \quad (1.26)$$

工程上通常所说的交流电压和交流电流的数值都是指有效值，如某用电器的额定电压为 220 V，某电路的电流为 3 A。交流电表所测得的数值一般也是有效值。

(3) 初相位

正弦量在不同时刻 t 由于具有不同的 $(\omega t + \varphi)$ 值，正弦量也就变化到不同的数值，所以 $(\omega t + \varphi)$ 反映出正弦量变化的进程，称为正弦量的相位角，简称相位。

$t = 0$ 时的相位称为初相位。初相位决定了 $t = 0$ 时正弦量的大小和正负。

在同一线性正弦交流电路中，电压、电流与电源的频率是相同的，但初相位不一定相同。

两个同频率的正弦量的相位之差称为相位差，用 φ 表示，如图 1.54 所示。则它们的相位差：

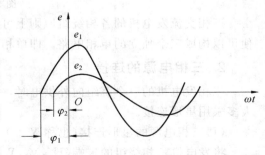

图 1.54 正弦电动势的相位

$$\varphi=(\omega t+\varphi_1)-(\omega t+\varphi_2)=\varphi_1-\varphi_2 \tag{1.27}$$

可见,同频率正弦量的相位差也就是初相位之差。

① 若 $\varphi>0$,称 e_1 在相位上超前于 e_2,或称 e_2 滞后于 e_1,如图 1.54 所示。

② 若 $\varphi<0$,称 e_1 滞后于 e_2,或称 e_2 超前于 e_1。

③ 若 $\varphi=0$,称 e_1 与 e_2 同相,如图 1.55(a)所示;若 $\varphi=\pm\pi$,称 e_1 与 e_2 反相,如图 1.55(b)所示。

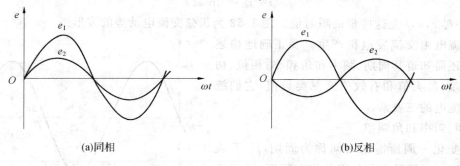

图 1.55 同相与反相的正弦量

1.9.2 三相正弦交流电

由三相电源、三相输电线和三相负载等组成的电路称为三相正弦交流电路。现在,世界上的电网几乎都是采用三相正弦交流电向用户供电。单相交流电一般是三相交流电路中的一相。因为用三相输电比单相输电可节约 25% 左右的材料,输电成本低,所以更具有优越性。

1. 三相交流电的产生

三相交流电的产生就是指三相交流电动势的产生。三相交流电动势由三相交流发电机产生,它是在单相交流发电机的基础上发展而来的,如图 1.56 所示。汽车上使用的交流发电机就是三相交流发电机。三相交流发电机产生振幅相等、频率相同,在相位上彼此相差 120°的三个对称电动势,波形如图 1.57 所示。

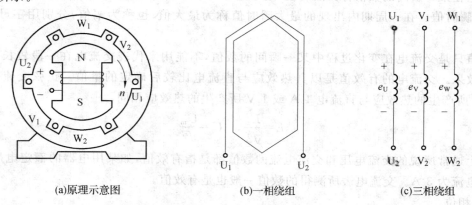

(a)原理示意图　　(b)一相绕组　　(c)三相绕组

图 1.56 三相交流发电机

三相交流发电机的各相绕组原则上可以作为一个独立电源,若在各相绕组的两端接上一个负载,便可以构成三个独立的单相电路。即单相交流电可以看成是三相交流电路中的一相。

2. 三相电源的连接

三相发电机的三个绕组向外供电时,一般采用星形连接和三角形连接两种连接方式,实际应用中大多采用星形连接。

(1)三相电源的星形连接(也称 Y 形)

将发电机三相绕组的末端(U_2,V_2,W_2)连在一起,接成一公共点,首端(U_1,V_1,W_1)分别与负载连接,这种连接方式称为星形接法或 Y 接法,如图 1.58 所示。末端接成的公共点称为中性点,用 N

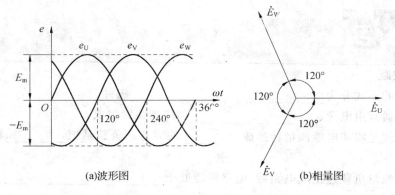

(a)波形图　　　　　　　　　　(b)相量图

图 1.57　对称三相电动势波形图

表示。从中性点引出线称为中线又称零线。三个绕组的起始端引出的线称为端线或相线(U,V,W),俗称火线。

由三根相线和一根中性线所组成的供电方式称为三相四线制。只用三根相线组成的供电方式称为三相三线制。

每相绕组始端与末端之间的电压(即相线与中线之间的电压)称为相电压,参考方向规定为从绕组始端指向末端,分别用 u_U,u_V,u_W 表示,其有效值用 U_P 表示。

任意两根相线之间的电压(即火线与火线之间的电压)称为线电压,分别用 u_{UV},u_{VW},u_{WU} 表示,其有效值用 U_L 表示。

相电压与线电压之间的关系为 $U_L=\sqrt{3}U_P$。

汽车安装的三相交流发电机绕组多采用星形连接,其突出的优点是低速时发电性能好,高速时利用绕组的中性点对地的高压提高发电机输出功率,以适应当今汽车用电设备增加、用电量增大的要求。

(2)三相电源的三角形连接

如图 1.59 所示,将对称三相电源中的三个绕组中 U 相绕组的相尾 U_2 与 V 相绕组的相头 V_1,V 相绕组的相尾 V_2 与 W 相绕组的相头 W_1,W 相绕组的相尾 W_2 与 U 相绕组的相头 U_1 依次连接,由三个连接点引出三条端线,这样的连接方式称为三角形(也称△形)连接。

可见,三相绕组的三角形连接,只能以三相三线制向外供电,且任意两根相线都是从发电机某相绕组始末两端引出,因此电源供出的线电压和发电机绕组的相电压是相等的,即

$$U_L=U_P$$

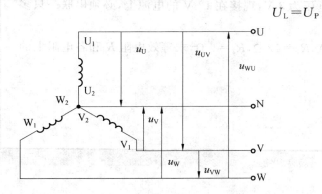
图 1.58　三相四线制电源

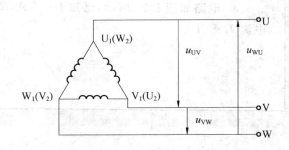
图 1.59　三相电源的三角形连接

课后练习

一、填空题

1. 触电的形式分为 _____、_____、_____ 三种。
2. 电路通常由电源、_____、_____ 和控制装置组成。
3. 电源就是将非电能能量转换成 _____ 的装置。负载是把 _____ 转换成非电能的设备。
4. 当电源与负载连接成电路后,电路可能处于 _____、_____、_____ 三种不同的工作状态。
5. 一般规定参考点的电位为 _____ V。
6. 电路中 a,b 两点电位分别是 $V_a=7$ V,$V_b=4$ V,则 a,b 两点间的电压 $U_{ab}=$ _____ V。
7. 四环电阻的颜色依次为棕、黑、黑、银,那么电阻阻值为 _____,误差为 _____。
8. 交流电的 _____ 和 _____ 都随时间做周期性的变化。
9. 电容器存储电荷的能力称为电容器的 _____,用符号 _____ 表示。电感器的电感线圈产生磁场的能力称为线圈的 _____,用符号 _____ 表示。
10. 三相电源的连接一般采用 _____ 和 _____ 两种连接方式。

二、简答题

1. 如何处理触电和火警事故?
2. 汽车电路有什么特点?
3. 汽车上的负载有哪些?至少列出五个。
4. 简述欧姆定律的内容。
5. 利用电磁感应的互感原理,简述汽车高压点火线圈的工作原理。
6. 什么是霍尔效应?在当今汽车领域有哪些应用?
7. 正弦交流电的三要素是什么?
8. 三相交流发电机的绕组向外供电时,一般采用哪两种接法?

三、计算题

1. 一台电熨斗正常工作时电压为 220 V,电流为 5 A,其电功率为多大?
2. 有一只电铃,电阻为 100 Ω,工作电压为 3 V,现接在 12 V 的电源上,必须串联一只多大的分压电阻?
3. 电路如图 1.28 所示,已知 $I=15$ A,$R_1=12$ Ω,$R_2=6$ Ω,求等效电阻 R 和各电阻上的电流 I_1 和 I_2。

模块 2 汽车电子基础

【知识目标】

1. 掌握半导体的基础知识以及 PN 结的单向导电性；
2. 掌握晶体二极管特性及晶体三极管的作用；
3. 了解发电机整流电路的工作原理；
4. 掌握电子点火系的工作原理。

【技能目标】

1. 会识读与检测常用晶体管的质量；
2. 掌握汽车发电机的全波整流原理；
3. 会检测汽车整流板的质量。

【课时计划】

任务	任务内容	参考课时		
		理论课时	实训课时	合计
任务 2.1	半导体基础知识	2	0	2
任务 2.2	半导体二极管	1	1	2
任务 2.3	汽车发电机整流电路	2	2	4
任务 2.4	半导体三极管	1	1	2
任务 2.5	汽车电子点火系电路	1	1	2
共计:12 课时				

情境导入

汽车电控技术在现代汽车中的运用越来越多,电子技术在汽车中的运用能提高汽车的安全性和操控性,为汽车智能化的发展奠定了坚实的基础,电控技术的运用离不开电子技术基础知识。

上海桑塔纳轿车采用的是霍尔效应式电子点火系。当点火启动时,出现点火线圈无高压火花,轿车无法启动现象。经检查是电子点火控制器故障。点火器在霍尔电子点火系中有什么样的作用?点火器中核心部件三极管有什么结构和性能,它在电子点火系中有什么作用?带着这些问题,我们进入晶体管的学习。

任务2.1 半导体基础知识

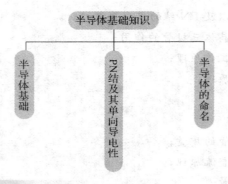

2.1.1 半导体基础

1. 半导体的基本概念

物质按照其导电性能分为三类:导体、绝缘体和半导体。导体指能够导电的物质,如铜和铝;而绝缘体是指不能够导电的介质,如塑料和橡胶。半导体是指常温下导电性能介于导体与绝缘体之间的材料,即有一定的导电能力,但是不如导体的导电能力强。通常能够用于制造半导体的材料有硅(Si)、锗(Ge)、硒以及大多数的金属氧化物及硫化物等。

2. 半导体的导电原理

我们知道电流是由电子做定向移动形成的,在半导体中有两种能做定向移动的电荷,称之为自由电子和空穴。

在电场力的作用下能做定向移动的带负电的自由电子及带与自由电子等量正电的空穴统称为载流子。

3. 半导体的基本特性

半导体的基本特性主要包括掺杂特性、热敏特性、光敏特性等。

(1)掺杂特性

纯净的半导体称为本征半导体,其导电能力极弱,当掺入微量的杂质元素如磷原子和硼原子等之后,半导体的导电能力大大增强,这种特性被称为半导体的掺杂特性。

(2)热敏特性

半导体的导电能力随着温度的变化而发生明显的变化,如硅在 200 ℃时的导电能力要比常温时增加几千倍。利用半导体对温度十分敏感的特性,可以制造自动控制中的常用的热敏电阻及其他热敏元件。

(3)光敏特性

光照使半导体内部的载流子数量增加,导电能力增强,利用这一特性可以制造光敏电阻和光敏三极管等。光照还可以使半导体产生电动势,利用这一特性可以制造光电池。

4. 半导体的种类

半导体根据是否含有杂质,可分为本征半导体(纯净半导体)和杂质半导体;杂质半导体根据掺入杂质的不同,分为 N 型半导体和 P 型半导体。

(1)N 型半导体

向本征半导体中掺入少量的磷元素(5 价),就形成了 N 型半导体。在 N 型半导体中,自由电子是多数载流子,空穴是少数载流子。

(2)P 型半导体

向本征半导体中掺入少量的硼元素(3 价),就形成了 P 型半导体。在 P 型半导体中空穴是多数载流子,自由电子是少数载流子。

2.1.2 PN 结及其单向导电性

1. PN 结的形成

将 P 型半导体和 N 型半导体使用特殊的工艺结合在一起,在 P 型半导体和 N 型半导体的交界面形成了一个特殊的薄层,称为 PN 结。

2. PN 结的单向导电性

(1)正向偏置(正偏)

如图 2.1(a)所示,在 PN 结两端外接电源,首先,P 区接电源正极,N 区接电源负极,即 P 区为高电位,N 区为低电位,称为 PN 结正向偏置,简称正偏。当 PN 结正偏时,PN 结导通。

(2)反向偏置(反偏)

如图 2.1(b)所示,对 PN 结外加电压,P 区接电源负极,N 区接电源正极,即 P 区为低电位,N 区为高电位,称为 PN 结反向偏置,简称反偏。PN 结反偏时,PN 结截止。

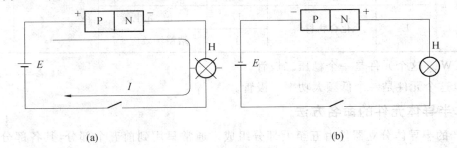

图 2.1 二极管的单向导电性

2.1.3 半导体的命名

1. 国产半导体元件的命名方法

国产半导体元件的型号共由五部分组成,各部分意义见表 2.1。

表 2.1 国产半导体元件的命名方法

第一部分 主称		第二部分 材料与极性		第三部分 类别		第四部分 序号	第五部分 规格号
数字	含义	字母	含义	字母	含义		
2	二极管	A	N型锗材料	P	普通管	用数字表示同一类产品序号	用字母表示产品规格、挡次
				W	稳压管		
				L	整流管		
		B	P型锗材料	N	阻尼管		
				Z	整流管		
				U	光电管		
		C	N型硅材料	K	开关管		
				B 或 C	变容管		
				V	检波管		
		D	P型硅材料	JD	激光管		
				S	隧道管		
				CM	磁敏管		
		E	化合物材料	H	恒流管		
				EF	发光管		
3	三极管	A	PNP型锗材料	G	高频小功率管		
				X	低频小功率管		
		B	NPN型锗材料	A	高频大功率管		
				D	低频大功率管		
		C	PNP型硅材料	T	闸流管		
				K	开关管		
		D	NPN型硅材料	V	微波管		
				B	雪崩管		
		E	化合物材料	U	光敏、光电管		
				J	结型场效应管		

例如:2CW15 这个元件是一个稳压二极管。

3DD15D 这个元件是一个低频大功率三极管。

2. 日本半导体元件的命名方法

日本生产的半导体分立器件由五至七部分组成。通常只用到前五个部分,其各部分的符号意义如下:

第一部分:用数字表示器件有效电极数目或类型。

1—二极管,2—三极管或具有两个PN结的其他器件,3—具有四个有效电极或具有三个PN结的其他器件,依此类推。

第二部分:日本电子工业协会JEIA注册标志。

S—已在日本电子工业协会JEIA注册登记的半导体分立器件。

第三部分：用字母表示器件使用材料极性和类型。

A—PNP 型高频管，B—PNP 型低频管，C—NPN 型高频管，D—NPN 型低频管，F—P 控制极可控硅，G—N 控制极可控硅，H—N 基极单结晶体管，J—P 沟道场效应管，K—N 沟道场效应管，M—双向可控硅。

第四部分：用数字表示在日本电子工业协会 JEIA 登记的顺序号。两位以上的整数从"11"开始，表示在日本电子工业协会 JEIA 登记的顺序号；不同公司的性能相同的器件可以使用同一顺序号；数字越大，越是近期产品。

第五部分：用字母表示同一型号的改进型产品标志。

A，B，C，D，E，F 表示这一器件是原型号产品的改进产品。

例如，1S1555 这个元件是一个普通二极管。再如，2SA733 这个元件是一个 PNP 型高频三极管。

任务 2.2　半导体二极管

2.2.1　二极管的结构与符号

从 PN 结两端引出两根电极封装外壳就制成了二极管。从 P 区引出的电极称为阳极（也称为正极），从 N 区引出的电极称为阴极（也称为负极）。其结构及符号如图 2.2 所示。

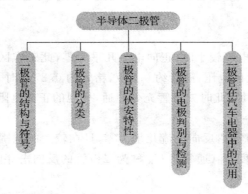

(a) 二极管结构　　　　　　　　(b) 二极管符号

图 2.2　二极管的结构及符号

2.2.2　二极管的分类

二极管种类很多，按照制造材料分为硅二极管和锗二极管；按照用途分为普通二极管、整流二极管、开关二极管和稳压二极管等。二极管在电路中的符号如图 2.3(a) 所示，实物如图 2.3(b) 所示。

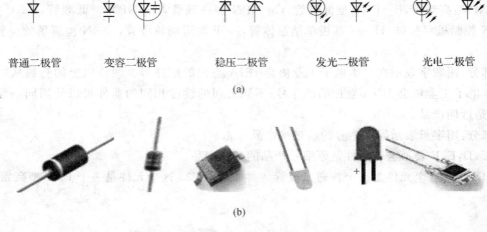

图 2.3 不同类型二极管的电路符号及实物

2.2.3 二极管的伏安特性

二极管伏安特性指的是加在二极管两端电压与流过二极管的电流之间的关系,这种关系可以用伏安特性曲线来描述。

(1)正向特性

当二极管两端所加的正向电压较小时,正向电流几乎为零,此工作区域称为死区。当正向电压增大到 U_F(U_F 称为门槛电压或死区电压,硅管约 0.5 V,锗管约 0.2 V)时,二极管开始导通。当正向电压大于 U_F 时,正向电流迅速增加,此时二极管充分导通,呈现的正向电阻很小。

(2)反向特性

当二极管两端加上反向电压时,反向电流几乎为零,且在较大的范围内不随反向电压的变化而变化。当反向电压增加到一定程度 U_B(通常将 U_B 称为二极管的反向击穿电压)时,反向电流剧增,二极管反向击穿。

(3)稳压二极管

稳压二极管是利用二极管的反向击穿特性来实现稳压的。

稳压二极管总是工作在反向击穿状态,当其击穿后,只要限制其工作电流,使稳压二极管始终工作在允许功耗内,就不会损坏稳压二极管,所以稳压二极管的反向击穿是可逆的,而变通二极管的反向击穿是不可逆的。

稳压二极管的动态电阻 R_Z 实际上反映了稳压二极管的稳压特性,R_Z 越小越好。利用稳压二极管给负载提供稳定电压时,一般要设限流电阻。

(4)发光二极管

发光二极管(Light-Emitting Diode,LED)是能将电信号转换成光信号的结型电致发光半导体器件。

发光二极管 LED 的主要特点:

①在低电压(1.5~2.5 V)、小电流(5~30 mA)的条件下工作,即可获得足够高的亮度。

②发光响应速度快(10^{-7}~10^{-9} s),高频特性好,能显示脉冲信息。

③单色性好,常见颜色有红、绿、黄、橙等。

④体积小。发光面形状分圆形、长方形、异形(三角形等)。其中圆形管子的外径有 $\phi1$、$\phi2$、$\phi3$、$\phi4$、$\phi5$、$\phi8$、$\phi10$、$\phi12$、$\phi15$、$\phi20$(mm)等规格,直径 1 mm 的属于超微型 LED。

⑤防震动及抗击穿性能好,功耗低,寿命长。由于 LED 的 PN 结工作在正向导通状态,本射功耗低,只要加必要的限流措施,即可长期使用,寿命在 10 万小时以上,甚至可达 100 万小时。

⑥使用灵活，根据需要可制成数码管、字符管、电平显示器、点阵显示器、固体发光板、LED平极型电视屏等。

⑦容易与数字集成电路匹配。

2.2.4 二极管的电极判别与检测

1. 二极管电极极性的判别

(1)观察外壳上的符号标记。若二极管的外壳上标有二极管的符号，其正负极与外壳上标识是一致的。

(2)观察外壳上的色环。在二极管的外壳上，通常标有极性色环(白色或银色)。一般标有色环的一端为二极管的阴极。

(3)测量二极管的电阻。用指针式万用表的电阻挡测量二极管两端的电阻(量程一般选择R×1k或R×10k)，将红表笔和黑表笔分别接触二极管的两极，记下阻值大小；然后将红表笔和黑表笔调换之后接触二极管的两电极，记下阻值大小；以阻值较小的一次测量为准，黑表笔所接的一端为阳极，红表笔所接的一端则为阴极。

当使用数字万用表检测二极管性能时，选择万用表的二极管▷┃挡位，用红表笔接二极管正极，黑表笔接二极管负极，正常情况下，万用表应有数字显示，此数值为该二极管的正向导通电压降值；调换表笔后，万用表显示 OL 表示二极管反向截止，这表明被测二极管性能良好。若正反向均显示为零或均显示 OL，表明被测二极管已经损坏。

2. 二极管质量的检测

当使用指针式万用表检测二极管时，二极管的阻值随万用表量程选择的不同数值也会有所差异，通常使用 R×1k 或 R×10k 量程进行测量。若两次测量出现电阻值一大一小且差异很大，说明二极管良好，小阻值(也称二极管正向电阻)一般为几十欧姆，大阻值(也称二极管反向电阻)一般为几十千欧以上。若正、反向电阻均为无穷大，说明断路；若均为0，说明短路。

2.2.5 二极管在汽车电器中的应用

1. 发光二极管在汽车中的应用举例

在汽车电路中，发光二极管主要应用在仪表板上，作为指示灯或报警灯，例如，图2.4所示为浮子舌簧管开关式液位传感器应用电路。当永久磁铁接近舌簧管(干簧管)时，舌簧管的触点闭合，电路被接通，报警二极管发光，提示驾驶员液位已经低于规定值。当液位达到规定值时，浮子上升到规定位置，舌簧管触点打开，报警二极管熄灭，表示液位符合要求。

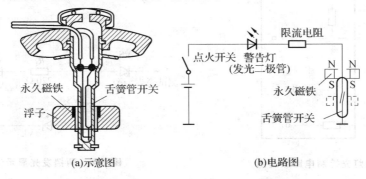

图 2.4 舌簧管开关式液位传感器

2. 整流二极管在汽车整流板中的应用

汽车发电机整流电路中主要用到正二极管和负二极管(图2.5),将交流电变换成直流电,其安装如图2.6所示,其工作原理将在任务2.3中详细介绍。

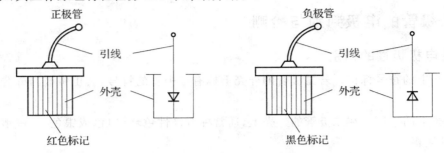

图2.5 汽车整流器中的正二极管和负二极管

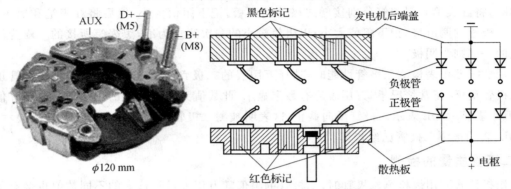

图2.6 汽车发电机整流二极管安装

3. 光电二极管在汽车中的应用

如图2.7所示,汽车自动灯光控制电路中的传感器就是一只光敏二极管。光敏二极管作为光传感器用来检测日照强度或会车时的灯光亮暗程度,从而完成自动开启灯光或进行远光灯和近光灯的自动切换控制。

4. 汽车试灯

在检查汽车电气线路时,常会用到试灯进行检测,利用发光二极管制成的试灯能有效地帮助我们进行电气检查。其电路图如图2.8所示,为两挡试电笔,工作时,当被测电压超过6 V,VS_1被击穿导通,VL_1发光;当被测电压超过11 V时,VS_1和VS_2同时被击穿导通,VL_1和VL_2同时发光。

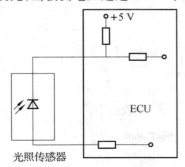

图2.7 自动灯光控制电路原理图

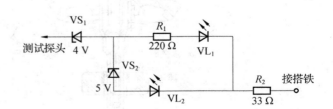

图2.8 两挡发光显示试灯电路图

技能训练

项目名称：半导体二极管识读与检测

实训准备：

万用表、常用二极管若干。

实训目的：

(1)能正确识读各型二极管；

(2)会用万用表对二极管的极性及质量进行判断。

具体任务：

(1)认真阅读二极管电极极性的判别与二极管质量的检测；

(2)进行二极管识读，将所识读的二极管型号及外形图填写在记录表中；

(3)用万用表分别进行二极管极性的检测并根据检测情况判断二极管的质量，并将检测数据填写在记录表中；

(4)利用课余时间结合电路图自行试制发光二极管型试灯。

半导二极管的识读与检测记录表、评价表见表2.2、表2.3。

表2.2 半导体二极管的识读与检测记录表

项目	二极管型号	二极管外形图	极性及好坏判别		
			正向电阻	反向电阻	二极管质量
1					
2					
3					
4					
5					

表2.3 半导体二极管的识读与检测评价表

实训小组		姓名		实训时间		
学习评价				自评	互评	师评
1.正确识读二极管的型号并能画出外形图(20)						
2.能用万用表分别测量至少五只二极管的正反向电阻值并记录(20)						
3.能正确规范使用万用表(20)						
4.能根据测量数据准确判别二极管的质量(20)						
5.小组间协作、交流与沟通较好(10)						
6.养成"6S"(整理、整顿、清理、清扫、安全、素养)的习惯(10)						
总体评价						
教师签名						

任务 2.3　汽车发电机整流电路

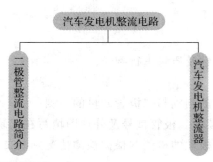

2.3.1　二极管整流电路简介

整流是将交流电转化为直流电的过程,实现整流功能的电路称为整流电路。

1. 单相半波整流电路

单相半波整流就是对单相交流电进行整流,且只整流出正半周或负半周的波形。图 2.9 所示为单相半波整流电路及整流波形,将负载与一个整流二极管串联,接到正弦交流电源上,用示波器分别观察电源输出波形和负载两端电压波形。整流二极管 VD 只让半周通过,在 R 上获得一个单向电压,实现了整流的目的。半波整电路的效率较低,$u_o = 0.45 u_i$。

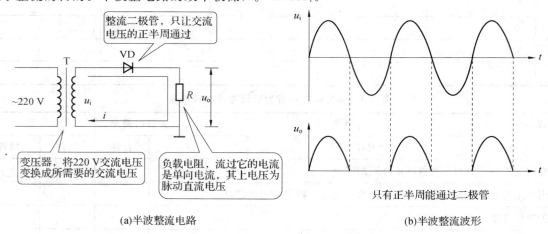

(a) 半波整流电路　　　　　　　　　　(b) 半波整流波形

图 2.9　单相半波整流电路及整流波形

2. 单相全波整流电路

全波整流电路原理图及波形图如图 2.10 所示,变压器次级线圈需要引出一个中心抽头,它把次级线圈分成两个对称的绕组,从而获得大小相等但极性相反的两个电压 u_{ia} 和 u_{ib},全波整流电路效率高,$u_o = 0.9 u_{ia}$。

3. 单相桥式整流电路

桥式整流电路是使用最多的一种整流电路,它由四只二极管构成,这四只二极管接成"电桥"形状,如图 2.11 所示,故称桥式整流电路。

整流电路工作原理:当正半周时,二极管 VD_2,VD_4 导通,在负载电阻上得到正弦波的正半周;当

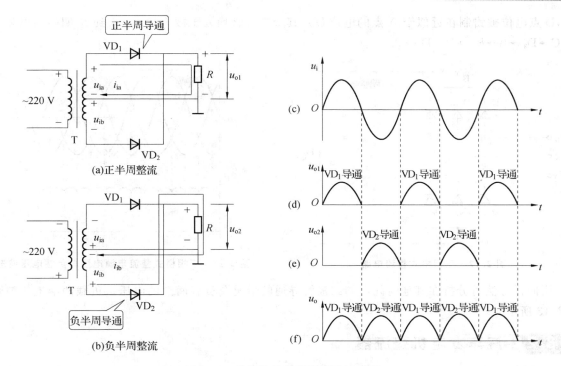

图 2.10　单相全波整流电路及波形图

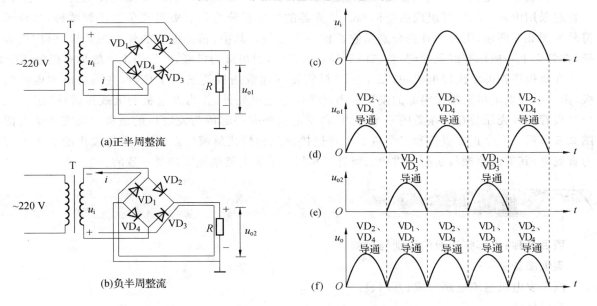

图 2.11　单相桥式整流电路及波形图

负半周时,二极管 VD_1,VD_3 导通,在负载电阻上得到正弦波的负半周。在负载电阻上正、负半周经过合成,得到的是同一个方向的单向脉动电压。桥式整流电路的效率也很高,$u_o=0.9u_i$。

4.三相桥式整流电路

三相桥式整流电路(图 2.12)中的三相交流电源由三相交流发电机或通过三相变压器获得,三相电源的三个相电压 U_U,U_V,U_W 彼此之间有 120°的相位差,设 U_U 初相为零,其波形如图 2.13 所示。三相桥式整流电路由六个二极管两两串联后然后并联组成,三个相电压分别加在了六个二极管的中间位置。

如图 2.13 可知,在 0 到 t_1 期间,因为 $U_W>U_U>U_V$,可知电路中 C 点电位是最高的,A 点电位最低,因此二极管 D_3 和二极管 D_5 导通,D_3 和 D_5 导通后,电路中 B 点电位被钳制在近似于 C 点的电位

U_W,D 点电位被钳制在近似于 A 点的电位 U_V,其余二极管均处于截止状态。0 到 t_1 期间的电流路径为:C→D_3→B→R_L→D→D_5→A 。

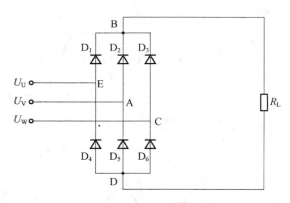

图 2.12 三相桥式整流电路

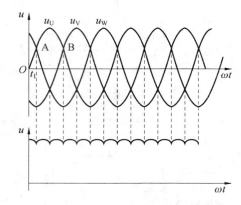

图 2.13 三相桥式整流电源电压与负载电压波形

用同样方法可分析在其他时间内的二极管导通的情况及负载两端的电压。负载两端电压波形如图 2.13 所示。

2.3.2 汽车发电机整流器

交流发电机是汽车电气设备的主要电源之一。为了将发电机产生的交流电转化为直流电,汽车上普遍采用由六个二极管组成的整流器。整流器的二极管分为正二极管和负二极管两种,其外形和符号如图 2.5 所示,引线和外壳分别是它们的两个电极。其中,正二极管的外壳为负极,引出极为正极,在管壳上一般标有红色标记;负二极管外壳为正极,引出极为负极,在管壳上一般标有黑色标记。

在负极搭铁的整流发电机中,三个正二极管压装在散热板的三个座孔内,共同组成发电机的正极,由一个与发电机后端盖绝缘的整流板固定螺栓通至机壳外,作为发电机的火线接线柱"B"。三个负二极管的外壳压装在后端盖的三个孔内,和发电机外壳一起成为发电机的负极。其安装示意图如图 2.6 所示。三个正二极管和三个负二极管连接成三相桥式整流电路,将发电机发出的交流电转换为直流电,其整流原理与前面所讲的二极管三相桥式整流电路整流原理是一致的。

技能训练

项目名称: 汽车整流板的识别与检测
实训准备:
汽车发电机整流电路总成、万用表。
实训目的:
(1)认识汽车交流发电机整流电路总成;
(2)能分辨整流电路中的正二极管和负二极管;
(3)会用万用表测量正、负二极管的质量。
具体任务:
1. 汽车整流器总成及其结构的认识

以桑塔纳系列轿车为例,发电机整流器总成如图 2.14 所示,发电机输出端子标记为"B+"的为发电机正极,该整流器有 11 个二极管,其中包括 3 只正极管、3 只负极管、3 只励磁二极管和两只中性点二极管。3 只正极管和中性点正二极管压装在正整流板上,3 只负极管和中性点负二极管压装在负极板上。发电机三相绕组的始端分别与定子绕组接线柱连接。

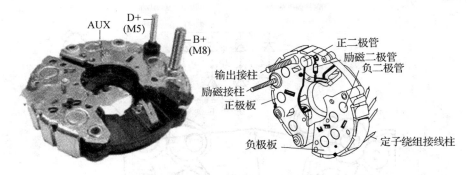

图 2.14 汽车整流器实物及总成

2. 检查整流器单个二极管的好坏

分解发电机后端盖和整流器,将每个二极管的中心引线从接线柱上拆下或焊下,逐一检测判断其质量,如图 2.15 所示。

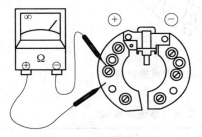
(a)检测正二极管的正向电阻

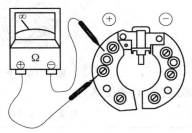
(b)检测正二极管的反向电阻

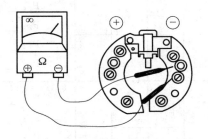
(c)检测负二极管的正向电阻

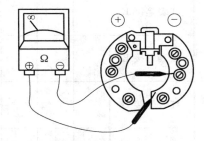
(d)检测负二极管的反向电阻

图 2.15 整流二极管的检测

3. 整体式整流器的检查

以图 2.16 中夏利轿车 JF21542 型整体式发电机整流器为例:

当检测负极管时,先将万用表黑表笔接"E"端(图中有三个部位),红表笔分别接 P_1,P_2,P_3,P_4 点,万用表均应导通,如不通,说明该负极管断路,则应更换整流器总成;再调换两表笔检测部位进行测量,万用表应不导通,如导通,说明该负极管短路,也需更换整流器总成。

当检测正极管时,先将万用表红表笔接整流器端子"B";黑表笔分别接 P_1,P_2,P_3,P_4 点进行检测,万用表均应导通,如不通,说明该正极管断路,则应更换整流器总成;再调换两表笔检测部位进行测量,此时万用表应不导通,如导通,说明该正极管短路,也应更换整流器总成。

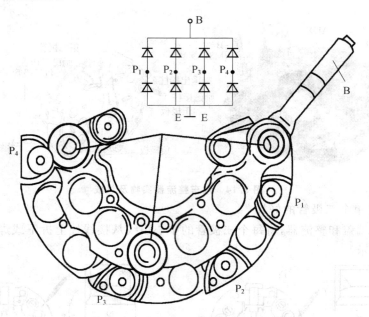

图 2.16 夏利轿车整体式发电机整流器

实训记录（表 2.4、表 2.5）：

表 2.4 JF21542 型整体式发电机整流器检测

项目	公用接点	正向电阻				反向电阻				二极管质量
		P_1	P_2	P_3	P_4	P_1	P_2	P_3	P_4	
正二极管检测	红表笔接 E									P_1：_____ P_2：_____ P_3：_____ P_4：_____
	黑表笔接 E									
负二极管检测	红表笔接 B									P_1：_____ P_2：_____ P_3：_____ P_4：_____
	黑表笔接 B									

表 2.5 汽车整流板的识读与检测评价表

实训小组		姓名		实训时间	
学习评价			自评	互评	师评
1. 正确识读正二极管和负二极管(20)					
2. 能用万用表分别测量正反向电阻值并记录(20)					
3. 能正确规范使用万用表(20)					
4. 能根据测量数据准确判别二极管的质量(20)					
5. 小组间协作、交流与沟通较好(10)					
6. 养成"6S"的习惯(10)					
总体评价					
教师签名					

任务 2.4　半导体三极管

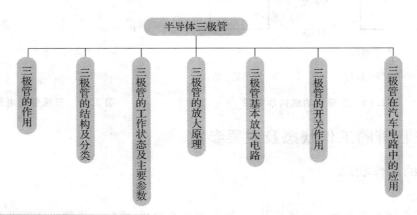

2.4.1　三极管的作用

三极管在电子电路中扮演着重要的角色,使用三极管可对模拟信号进行放大,也可利用三极管的开关特性实现高低电平的转换。

2.4.2　三极管的结构及分类

1. 三极管的分类

三极管按照半导体材料分为硅管和锗管;按照结构分为 PNP 型管和 NPN 型管;按照功率分为小、中、大功率三极管。

2. 三极管的外形

三极管的外形如图 2.17 所示。

(a)直插式　　　　　　　(b)贴片式

图 2.17　三极管实物图

3. 三极管的结构及电路符号

三极管是由两个 PN 结组成的三层半导体器件,如图 2.18 所示。图 2.18(a)中,中间是一块很薄的掺杂浓度很低的 P 型半导体,对应的区域称为基区,两边各为一块 N 型半导体,对应的区域分别是集电区和发射区,其中发射区比集电区掺杂浓度高。从三个区域上各自接出三根电极,分别是基极 B、发射极 E 和集电极 C。三个区域有两个交界面,分别对应两个 PN 结,基区与集电区交界处的 PN 结称为集电结,基区与发射区交界处的 PN 结称为发射结。NPN 型三极管和 PNP 型三极管的电路符号如图 2.19 所示,需要注意的是 NPN 型管符号的箭头是朝外的,而 PNP 型管的箭头是朝里的。

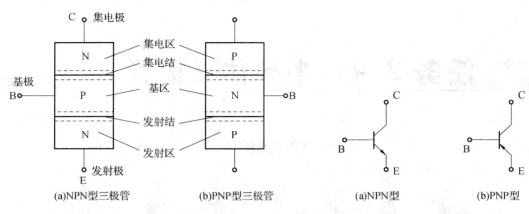

图 2.18 三极管的结构示意图　　图 2.19 三极管的电路符号

2.4.3 三极管的工作状态及主要参数

1. 三极管的工作状态

(1) 截止状态

三极管的集电极和发射极之间接近开路,相当于开关断开,此时三极管处于截止状态。其发射结和集电结都是反偏。

(2) 放大状态

三极管工作在放大状态,具有电流放大能力,即集电极电流和基极电流满足 $I_C = \beta I_B$。此时发射结正偏,而集电结反偏。

(3) 饱和状态

集电极与发射极之间接近短路,相当于导线,处于接通状态。这一点在对三极管开关电路分析时很重要。三极管饱和的条件是发射结和集电结都处于正偏状态。

2. 三极管主要参数

(1) 电流放大倍数

电流放大倍数用来描述三极管处于放大状态时的集电极电流与基极电流的比值大小关系。

(2) 集电极最大允许电流 I_{CM}

集电极电流超过某一值时,电流放大倍数 β 值就要下降,I_{CM} 就是 β 下降到其正常值的 2/3 时的集电极电流。

(3) 集电极最大允许耗散功率 P_{CM}

集电极在工作时会发热升温,为避免管子过热而烧坏,而规定的集电极功耗的最大值为 P_{CM}。大功率三极管必须加装散热片才能确保它安全。

2.4.4 三极管的放大原理

图 2.20 所示为三极管电流放大实验电路,三极管的三个电极构成了两个回路:基极和发射极回路、集电极和发射极回路。发射极是两个回路的公共端,所以该电路称为共射极电路。

电路中,电源 E_B 经电阻 R_B、R_P 给发射结加上正向偏压,电源 E_C 给集电结加上反向偏压,这是保证三极管具有电流放大作用的外部条件。

分别用三个电流表测量三极管三个电极的电流,调节滑线变阻器 R_P 的阻值,基极电流 I_B 发生变化,集电极电流 I_C 和发射极电流 I_E 也相应发生变化。通过实验可得出以下结论:

(1) 三极管各电极电流分配关系满足发射极电流等于基极电流与集电极电流之和,即 $I_E = I_B + I_C$。

(2) 在一定范围内,基极电流 I_B 增大时,集电极电流 I_C 成比例相应增大,I_C 与 I_B 的比值称为三极管的直流放大倍数,用字母 β 表示,即 $\beta=I_C/I_B$。

(3)在一定范围内,集电极电流 I_C 因基极电流 I_B 的变化而变化,且集电极电流变化量与基极电流的变化量的比值一定,该比值称为三极管的交流电流放大倍数,以 β 表示,即 $\beta=\Delta I_C/\Delta I_B$。

(4)基极开路时,即 $I_B=0$ 时,集电极电流很小,约等于零,利用这一特性可将三极管当作开关使用。

(5)当基极电流 I_B 增大到一定数值后,I_C 保持不变,即 I_B 失去了对 I_C 的控制作用。

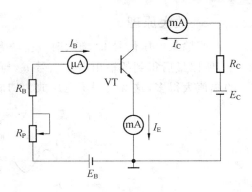

图 2.20 三极管电流放大实验电路

三极管工作在放大区时,具有电流放大作用,常用来构成各种放大电路;工作在截止区和饱和区时,相当于开关的断开和接通,具有开关作用,常用于开关控制和数字电路中对电平进行转换。例如,在电子控制的组合仪表中,首先将温度、压力、流量等非电量通过传感器变换为微弱的电信号,通过放大后才能够通过仪表显示出来,或者用来推动执行元件动作以实现自动控制。

2.4.5 三极管基本放大电路

1. 基本电压放大电路组成

图 2.21 所示电路是三极管共射极的基本电压放大电路,其核心元件为 NPN 型三极管,其中 u_i 为输入的交流信号,u_o 为放大后输出的交流信号。

2. 各元件的作用

(1)三极管 VT

三极管 VT 是放大电路的核心,起电流放大作用,它将微小的基极电流变化量转换成集电极电流较大的变化量,即较大的集电极电流受较小的基极电流的控制。从能量观点来看,输入信号的能量是较小的,而输出信号的能

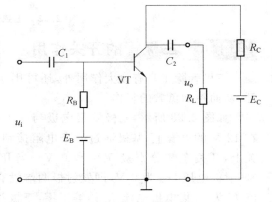

图 2.21 三极管共射极放大电路

量是较大的。但不能说放大电路把能量放大了,能量依然是守恒的,不能被放大,输出的较大的能量来源来自电源 E_C。即能量较小的输入信号通过三极管去控制电源 E_C 供给的能量,以便在输出端获得能量较大的信号。这种小能量控制大能量的作用是三极管放大作用的实质。

(2)集电极电源 E_C

集电极电源 E_C 有两个作用:一是为较大能量的输出信号提供电能;二是保证三极管的集电结处在反偏状态,这是三极管工作在放大状态的条件之一。电源 E_C 的电压一般为几伏到几十伏。

(3)集电极负载电阻 R_C

集电极负载电阻的作用是将已经放大了的集电极电流的变化转化为电压的变化,以实现电压的放大。R_C 的阻值一般为几千欧到几十千欧。

(4)基极电源 E_B 和基极电阻 R_B

电源 E_B 的作用是使发射结正偏,使得三极管工作在放大状态。串联电阻 R_B 是为了控制基极电流的大小,使得放大电路工作在输出特性曲线上的合适范围内。R_B 的阻值一般为几十千欧。

(5)耦合电容 C_1 和 C_2

两个耦合电容分别接在放大电路的输入端和输出端,利用电容通交流隔直流的特性,一方面隔断信号源与输出端、负载与输出端的直流通路,防止放大电路中的直流成分影响信号源和负载;另一方面保证交流信号畅通无阻地通过放大电路,沟通信号源、放大电路和负载三者之间的交流通路。

3. 放大原理

当输入电压信号 u_i 增大时，u_{BE} 增大，i_B 和 i_C 也随之增大，u_{CE} 减小，即 u_{CE} 的变化与 i_C 的变化相反，所以最后得到的输出电压信号 u_o 与输入信号 u_i 的相位相反。只要电路参数适当，u_o 的幅值比 u_i 的幅值大得多，这就实现了电压放大功能，各处电压和电流的波形图如图 2.22 所示。

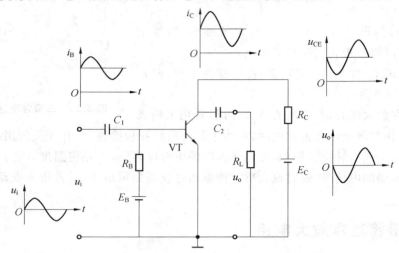

图 2.22　正弦信号输入时的放大电路工作情况

2.4.6　三极管的开关作用

三极管除了具有放大作用外，还可用作开关，利用三极管的开关作用可以控制电路的闭合与断开，从而控制负载的工作。

如图 2.23 所示，三极管集电极与一个小灯泡串联后接在 12 V 的电源上，基极通过一个电阻接到一个单刀双掷开关上，开关左侧分别接 5 V 和 0 V。当开关拨到 0 V 时，基-射极电压 U_{BE} 为 0 V，即发射极两端没有电压，则基极电流 I_B 为 0，集电极电流 I_C 约等于零，三极管处在截止状态，这时的三极管相当于一个断开的开关，整个电路断开，灯泡不亮。当单刀双掷开关拨到 5 V 位置时，有电压 U_{BE} 加在发射结上，产生基极电流 I_B，且通过选择阻值大小合适的基极电阻使三极管这时处于饱和导通状态，这时的三极管就相当于闭合的开关，灯泡发光，这就是三极管的开关作用。

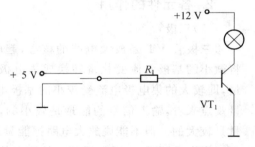

图 2.23　三极管的开关作用

在汽车电路中，起开关作用的三极管应用的地方非常多，比如发动机电控单元(ECU)利用三极管的开关作用控制点火线圈的通断电使点火线圈产生瞬间高压，通过三极管开关作用控制喷油器的通断电和通电时间，控制喷油时刻和喷油量等。

2.4.7　三极管在汽车电路中的应用

三极管在汽车电路中的应用比较多，汽车电路中的三极管有的起放大作用，有的起开关作用。我们以无触点电子闪光器为例进行介绍。

图 2.24 为简单无触点电子闪光器原理图，由电容和起开关作用的三极管共同构成，利用电容的充放电和三极管开关原理产生间歇电流，从而使转向灯闪烁。

其工作过程为：当转向灯开关接通后，VT_1 通过 R_2 得到正向电压而饱和导通，导致 VT_2 的基极电位被拉低，使 VT_2 截止，导致 VT_3 无基极电位而截止，此时只有 VT_1 发射极电流通过转向灯，由于 VT_1 发射极电流很小，故转向灯很暗。同时，电源给电容充电，使 VT_1 基极电位降低，当低于其导通所需正向偏压时,VT$_1$ 截止。VT$_1$ 截止后,VT$_2$ 的基极通过 R_2 获得正向偏压而导通,VT$_2$ 导通使 VT$_3$ 基极电位下降,VT$_3$ 发射结获得正向偏压而导通,VT$_3$ 产生较大的发射极电流通过转向灯,转向灯亮起来。此时,电容开始放电,放电电流经过由 R_1 和 R_2 组成的回路,使 VT$_1$ 仍保持截止,转向灯继续发亮。随着放电电流的减小,VT$_1$ 基极电位升高,当高于其正向导通电压时,VT$_1$ 又导通,导致 VT$_2$ 和 VT$_3$ 截止,转向灯又变暗。随着电容的充放电,VT$_3$ 不断地导通和截止,如此反复,使转向灯闪烁。

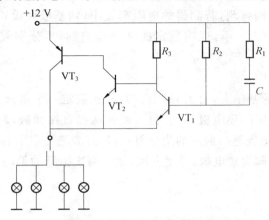

图 2.24 无触点电子闪光器电路图

技能训练

项目名称:三极管的识读与检测
实训准备:
万用表、三极管。
实验目的:
(1)能准确识读三极管的型号;
(2)会用万用表对三极管管脚与极性进行判断;
(3)能鉴别三极管的质量。
具体任务:
(1)三极管的识读,将三极管的型号和外形图记录在记录表中;
(2)三极管极性与管脚的测试;
(3)三极管质量的判定。

1.测试原理

结合三极管结构示意图(图 2.25),可以用判断二极管极性的方法来找到三极管的基极,再判断其类型。三极管工作在放大状态时,发射结正偏,而集电结反偏,用这个原理来判断另外两个极。

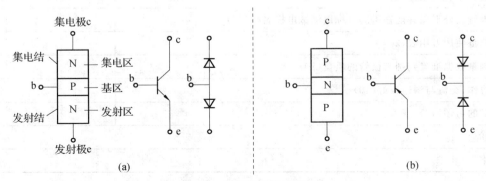

图 2.25 三极管结构示意图

2.管脚的判断

(1)判断基极与管型

先将万用表量程开关拨在 R×100 或 R×1k 电阻挡上。假定某一管脚为基极,用黑表笔接触假定的基极,红表笔依次接触另外两个电极。(A)若测得的电阻都较小,且其值基本相同,将表的黑红表笔对调再测,若测得的电阻都较大,则基极假设正确。同时可知该三极管为 NPN 型。(B)若测得的电阻都较大,将表的黑红表笔对调再测,若测得的电阻都较小,则基极假设正确。同时可知该三极管为 PNP 型。(C)若测得的阻值一大一小,说明假定的基极是错的,再分别假定直到符合(A),(B)之一为止。

(2)集电极和发射极的判定

在判别出管型和基极 b 的基础上,对另外两管脚,任意假定一个电极为集电极,另一个电极为发射极。用手将管子的基极、假定的集电极连接,但不能使两极直接相碰,两表笔与假定的集电极和发射极连接。若是 NPN 型管,黑表笔与假定的集电极相接,红表笔与假定的发射极相接,观察万用表指针的偏转角度;再假设另一管脚为集电极,重复一次,比较两次指针的偏转角大小,偏转较大的那次假设正确。

实训记录:

三极管的识读与检测记录及评价表见表2.6、表2.7。

表2.6 三极管的识读与检测记录表

三极管型号	外形图及管脚名称	类型	测试挡位	质量判定

表2.7 三极管的识读与检测评价表

实训小组		姓名		实训时间		
学习评价				自评	互评	师评
1.正确识读三极管的型号(10)						
2.会画三极管的外形图并能在引脚上标出测试电极名称(40)						
3.能正确规范使用万用表(20)						
4.能根据测量数据准确判别三极管的质量(10)						
5.小组间协作、交流与沟通较好(10)						
6.养成"6S"的习惯(10)						
总体评价						
教师签名						

任务2.5 汽车电子点火系电路

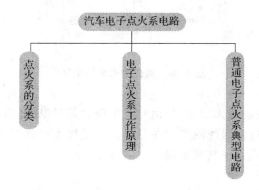

汽车发动机的燃烧是由火花塞点火触发的。为了点燃压缩过的可燃混合气,火花塞的瞬间点火电压必须高达2 000 V以上。一般汽车的蓄电池电压只有12 V,所以需要点火系将12 V低压变换成2 000 V以上的高压,并将这个高压按照点火顺序分配到各个气缸的火花塞上。能够按时在火花塞电极间产生电火花的全部设备称为点火系,点火系通常由蓄电池、发电机、分电器、点火线圈和火花塞等组成。

2.5.1 点火系的分类

由于发动机点火时刻和初级线圈电流的不同控制方法,产生了不同的点火系。按点火系的不同发展阶段可分为:传统机械触点点火系、无触点电子点火系、微机控制式电子点火系和微机控制式无分电器电子点火系。

1. 传统机械触点点火系

传统的点火系其点火时刻和初级线圈电流的控制是由机械传动的断电器触点来完成的。随着电子技术的不断发展,各种形式的电子点火系得到广泛应用,传统点火系正逐渐被淘汰。

2. 无触点电子点火系

为了避免机械触点点火系触点容易烧蚀损坏的缺点,在晶体管技术广泛应用后产生了非接触式传感器作为控制信号,以大功率三极管为开关代替机械触点的无触点电子点火系。这种系统的显著优点在于初级电路电流由晶体三极管进行接通和切断,因此电流值可以通过电路加以控制。不足之处在于这种系统中的点火时刻仍采用机械离心提前装置和真空提前装置,对发动机工况适应性差。

3. 微机控制式电子点火系

为了提高点火系的调整精度和各种工况的适应性,在电子点火系的基础上,采用了微机控制。

2.5.2 电子点火系工作原理

点火器的作用是按照信号发生器输入的点火信号接通或断开点火系的初级电路,使点火线圈次级绕组产生点火高压电。

现代汽车点火器广泛采用了集成电路,内部电路非常复杂,一旦损坏只能更换。下面仅以磁感应式信号发生器和简化了的点火器电路来描述其基本工作原理。其简化电路如图2.26所示。

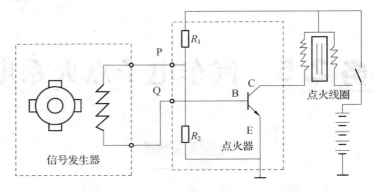

图 2.26 简化的点火器电路

(1)停机保护状态

当点火开关刚刚接通而发动机未启动时,信号发生器无信号电压,蓄电池电压经过 R_1,R_2 分压后作用在 P 点上,P 点电压又通过信号线圈作用在三极管的基极上。此电压低于三极管的导通电压,三极管处于截止状态,切断了点火系的初级电路。

(2)初级电路导通状态

发动机启动后,信号发生器不断发出交变电压信号,当信号电压为如图 2.27 所示方向时,信号电压与 P 点电压叠加后使 Q 点电压上升,当 Q 点电压超过了三极管导通电压时,三极管便由截止状态转为导通状态,初级电路被接通,流经点火线圈初级绕组的电流经过三极管搭铁。

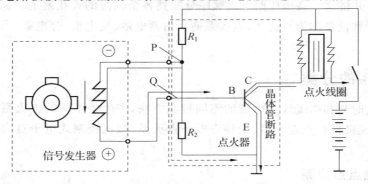

图 2.27 初级电路导通电路原理

(3)初级电路截止状态

当信号电压方向相反时,信号电压与 P 点电压叠加后使 Q 点电压下降,当 Q 点电压降至三极管截至电压时,三极管由导通状态转为截止状态,切断了初级电路,点火线圈的次级绕组便感应出高压电动势。

2.5.3 普通电子点火系典型电路

1. 磁感应式普通电子点火系典型电路

日本丰田 MS75 系列汽车装用磁感应式无触点电子点火系,电路工作原理如图 2.28 所示。

(1)接通点火开关 4,VT_1、VT_2 导通,VT_3 截止,VT_4、VT_5 导通,初级电路接通,在线圈中形成磁场。其电路是:蓄电池正极→点火开关 4→附加电阻 R_f→点火线圈初级绕组→VT_5(集电极、发射极)→搭铁→蓄电池负极。

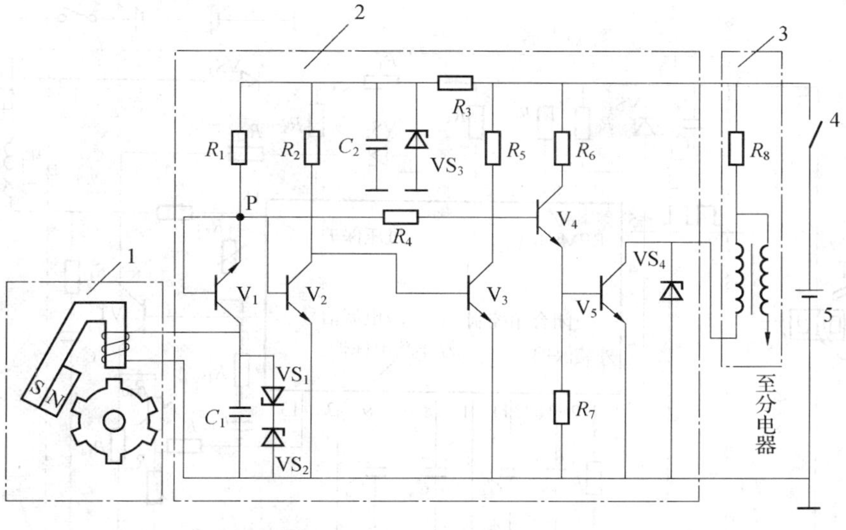

图 2.28 磁感应式无触点电子点火系电路

（2）启动发动机，分电器开始转动，信号发生器的传感线圈开始产生交变电动势信号。

传感线圈中产生正向信号电压时，VT_1 截止，VT_2 导通，VT_3 截止，VT_4、VT_5 导通，初级电路仍然接通。

传感线圈中产生负向信号电压时，VT_1 导通，VT_2 截止，VT_3 导通，VT_4、VT_5 截止，初级电路切断，磁场迅速消失，次级绕组产生高压。

2. 霍尔效应式普通电子点火系典型电路

上海桑塔纳轿车电子点火系采用的是霍尔效应式电子点火系，其基本结构如图 2.29 所示。它主要包括装有霍尔效应发生器的分电器、点火器、高能点火线圈和火花塞等。

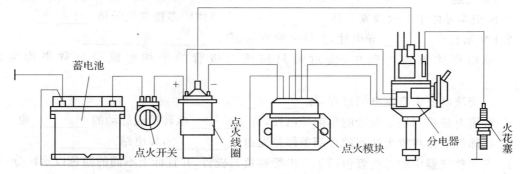

图 2.29 上海桑塔纳轿车电子点火系电路

点火系的基本工作过程如图 2.30 所示。接通点火开关，启动发动机，分电器轴开始转动。当霍尔信号发生器的触发叶片进入永久磁铁与霍尔元件之间的空气隙时，磁路被叶轮短路，无霍尔电压产生，霍尔信号发生器集成电路三极管截止，由点火器输入的检测信号电压处于高电平（接近电源电压为 9 V 左右），点火器大功率三极管导通，接通初级电路；触发叶片离开永久磁铁与霍尔元件之间的气隙时，霍尔发生器产生霍尔电压，集成电路三极管导通，由点火器输入的检测信号电压处于低电平（0.4 V 左右）。点火器的大功率三极管截止，切断初级电流，次级绕组感应出高压电。通过配电器将此高压电送到需要点火气缸的火花塞。

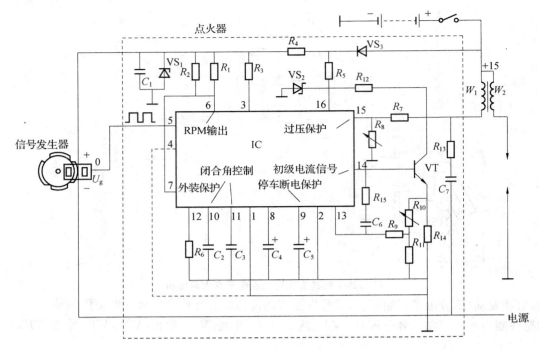

图 2.30 霍尔电子点火系原理图

课后练习

一、填空题

1. N 型半导体中多数载流子是_____,P 型半导体中多数载流子是_____。
2. PN 结具有_____导电性,其导电的方向是从_____到_____。
3. 单相桥式整流电路中,流过每只整流二极管的平均电流是负载平均电流的_____。
4. 将交流电变成直流电的过程,称_____。
5. 整流电路是利用二极管的单向导电性,将_____电转换成脉动的_____电。
6. 晶体管工作在放大状态的外部条件是发射结_____,集电结_____。
7. 汽车整流器中的二极管包括正二极管和负二极管,并且标上不同的颜色以示区分,正二极管标的颜色是_____,负二极管标的颜色是_____。

二、简答题

1. 什么是 PN 结的正向偏置、反向偏置?
2. 如何区分汽车发电机整流板的正、负极?
3. 简述汽车发电机整流电路的工作原理。
4. 简述磁感应式普通电子点火系的工作原理。

模块 3 常用电子设备

【知识目标】

1. 了解汽车常用电子设备的分类及表示方法;
2. 掌握常用电子设备的结构与工作原理。

【技能目标】

1. 能完成电子设备的电路连接;
2. 会运用仪表对电子设备进行检测。

【课时计划】

任务	任务内容	参考课时		
		理论课时	实训课时	合计
任务 3.1	点火开关	1	1	2
任务 3.2	灯光及雨刮总开关	1	1	2
任务 3.3	电磁继电器	1	1	2
任务 3.4	电磁阀	1	1	2
任务 3.5	汽车保护装置	2	0	2
共计:10 课时				

情境导入

随着汽车产业的发展,电子设备的使用在日趋增多,作为汽车销售与维修专业人才,只有准确地了解和掌握这些电子设备的结构与工作原理,才能更好地提升我们的服务质量和维修水平。你准备好了吗?

任务3.1　点火开关

```
            点火开关
   ┌────┬─────┬─────┐
四挡   五挡   柴油机   一键启动式
点火   点火   点火     点火开关
开关   开关   开关
```

点火开关主要用来接通(切断)点火电路,同时还控制启动电路、发电机励磁电路、仪表电路及其他辅助电气设备的电路,是汽车电路中的一个重要控制开关。常见的有钥匙启动式点火开关(常见的有四挡和五挡两种)和一键启动式点火开关两种。

3.1.1　四挡点火开关

(1)四挡点火开关外形和正面标识如图3.1所示。

(a)外形图　　　　　　　　(b)正面标识

图3.1　四挡点火开关外形和正面标识图

(2)四挡点火开关各挡的含义如下:

①LOCK挡:车钥匙插入和拔出的位置,此位置时可以将方向盘锁死,切断电子系统供电。

②ACC挡:接通全车电源,收音机、车灯等可以正常使用,不可以使用空调的挡位。

③ON挡:指除了起动机外,全车所有电路都处于工作状态。

④START挡:指发动机启动挡位,启动后钥匙会自动恢复到ON挡正常工作状态。

(3)四挡点火开关的表示方法如图3.2所示。

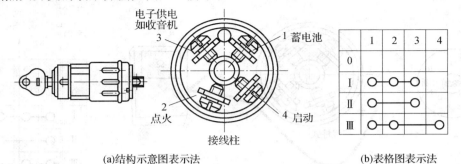

图 3.2　四挡点火开关的表示方法

(4)四挡点火开关各挡线路连接及功能：

①ON挡（Ⅰ挡）：如图3.3所示，接通点火和附件。

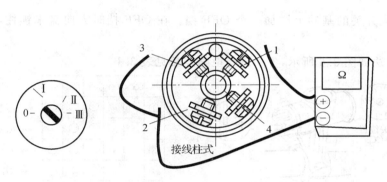

1与2、3接通

图 3.3　四挡点火开关 ON 挡连接示意图

②ACC挡（Ⅱ挡）：如图3.4所示，接通收音机和预热。

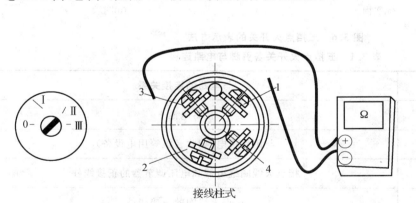

1与3接通

图 3.4　四挡点火开关 ACC 挡连接示意图

③START 挡（Ⅲ挡）：如图 3.5 所示，接启动和点火挡。

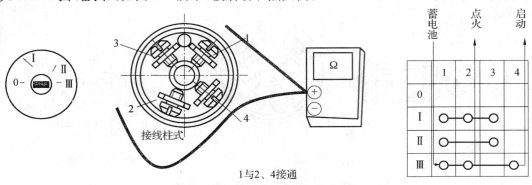

图 3.5　四挡点火开关 START 挡连接示意图

3.1.2　五挡点火开关

五挡点火开关是在四挡点火开关的基础上增加一个 OFF 挡。在 OFF 挡时方向盘未锁住，但能切断电子系统供电。

(1)五挡点火开关的表示方法如图 3.6 所示，各引脚与电路连接见表 3.1。

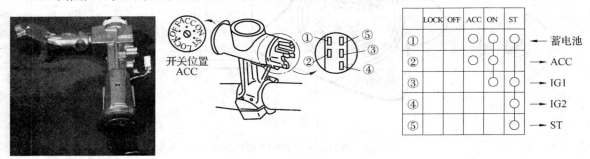

(a)实物　　　　　　　　　　　　　　(b)图示

图 3.6　五挡点火开关的表示方法

表 3.1　五挡点火开关各引脚与电路连接

引脚号	与电路的连接关系
①号接线柱	接蓄电池＋
②号接线柱（ACC）	与附件供电（如收音机等用电设备）
③号接线柱（IG1）	接点火线圈继电器和电压调节器的正接线柱
④号接线柱（IG2）	接点火线圈的正接线柱
⑤号接线柱（ST）	接起动继电器

（2）五挡点火开关各挡线路连接及功能介绍如下。

①ACC 挡时，如图 3.7 所示。

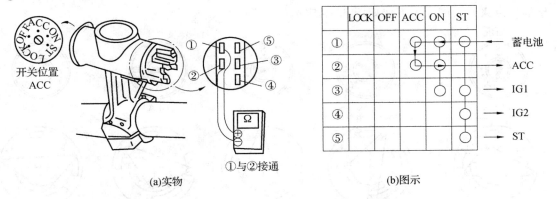

图 3.7　五挡点火开关 ACC 状态电路连接示意图

②ON 挡时，如图 3.8 所示。

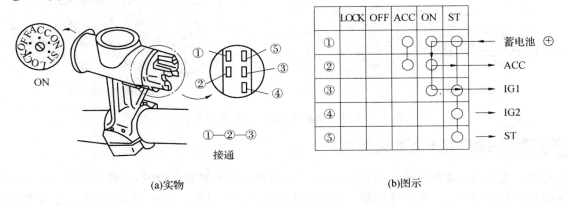

图 3.8　五挡点火开关 ON 状态电路连接示意图

③ST 挡时，如图 3.9 所示。

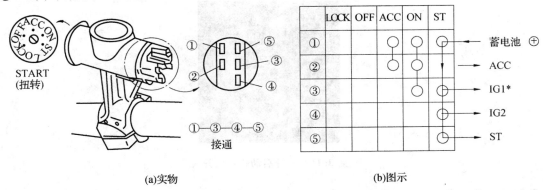

图 3.9　五挡点火开关 ST 状态电路连接示意图

3.1.3 柴油机点火开关

柴油机点火开关的表示方法如图 3.10 所示。

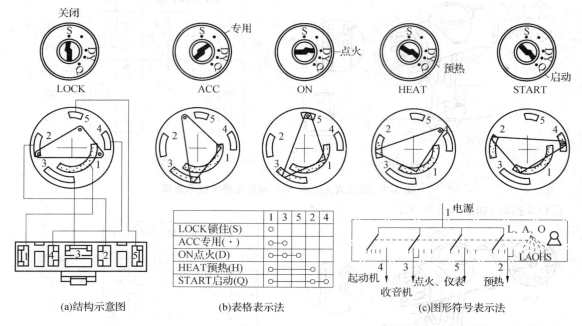

图 3.10 柴油机点火开关的表示方法

3.1.4 一键启动式点火开关

具有一键启动功能的汽车一般不用插入钥匙,但都有插入钥匙的位置,一键启动的按钮或旋钮必须在接收到智能钥匙的存在时才能启动(图 3.11),这种感应距离一般在 50 cm 左右。智能钥匙中也有我们通常所说的带有锯齿或凹槽的钥匙。它的作用是当一键启动功能发生故障时,还可以利用机械启动方式进行启动。

图 3.11 一键启动式点火开关

技能训练

项目名称:点火开关的连接方式与测量

实训准备:

点火开关、万用表、手动工具等。

实训目的:

(1)能正确识读点火开关各接线柱号;

(2)会用万用表电阻挡测量点火开关不同挡位时的接通情况;

(3)会正确判断点火开关质量。

具体任务：

(1)查阅相关资料,观察四挡点火开关,分出四个接线编号,并在记录表中标出;

(2)用万用表分别测量各接线柱,记录Ⅱ,Ⅰ,Ⅲ挡时各接线柱的接通情况并记录在表中;

(3)根据上一步骤测量的结果在记录表中标出Ⅱ,Ⅰ,Ⅲ挡时的表格表示图并标出电路流动方向;

(4)再检测五挡点火开关并完成相关记录。

实训记录：

(1)根据观察、测量和找到的资料,填写表3.2。

表3.2 实训记录表(一)

在右图中标出四挡点火开关的四个接线编号	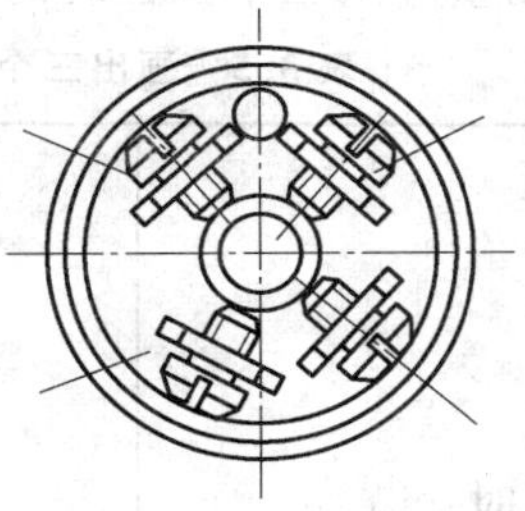 接线柱式
Ⅰ挡时	接通的接线柱为:
Ⅱ挡时	接通的接线柱为:
Ⅲ挡时	接通的接线柱为:

(2)根据实际测量画出三个挡位时的接通方式与电流流动方向,记入表3.3中。

表3.3 画出三个挡位时的接通方式与电流流动方向(一)

		1	2	3	4
Ⅰ挡时	0				
	Ⅰ				
	Ⅱ				
	Ⅲ				

		1	2	3	4
Ⅱ挡时	0				
	Ⅰ				
	Ⅱ				
	Ⅲ				

		1	2	3	4
Ⅲ挡时	0				
	Ⅰ				
	Ⅱ				
	Ⅲ				

(3)根据观察、测量和找到的资料，填写表 3.4。

表 3.4　实训记录表(二)

在右图中标出五挡点火开关的五个接线编号	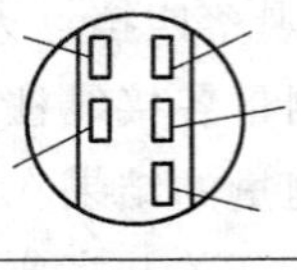
ACC 时	接通的接线柱为：
ON 时	接通的接线柱为：
ST 时	接通的接线柱为：

(4)根据实际测量画出三个挡位时的接通方式与电流流动方向，记入表 3.5 中。

表 3.5　画出三个挡位时的接通方式与电流流动方向(二)

ACC 时

	LOCK	OFF	ACC	ON	ST	
①						—— 蓄电池
②						→ ACC
③						→ IG1
④						→ IG2
⑤						→ ST

ON 时

	LOCK	OFF	ACC	ON	ST	
①						—— 蓄电池
②						→ ACC
③						→ IG1
④						→ IG2
⑤						→ ST

ST 时

	LOCK	OFF	ACC	ON	ST	
①						—— 蓄电池
②						→ ACC
③						→ IG1
④						→ IG2
⑤						→ ST

点火开关的连接方式与测量评价表见表 3.6。

表 3.6 点火开关的连接方式与测量评价表

实训小组		姓名		实训时间			
一、学习评价					自评	互评	师评
1. 正确分出点火开关四个接线柱编号,在图中正确标出(5)							
2. 能用万用表分别测量各接线柱,分别出Ⅱ,Ⅰ,Ⅲ挡的状态(15)							
3. 正确画出点火开关的表格表示图。并能正确表示Ⅱ挡时、Ⅰ挡时、Ⅲ挡时的电流流动方向(15)							
4. 能分出五接线柱点火开关的五个接线柱编号,并在图中正确标出(5)							
5. 能用万用表分别测量五个接线柱的接通状态(15)							
6. 能正确画出五个接线柱点火开关中的各挡电流方向(15)							
7. 操作过程中能熟练使用万用表进行测量(10)							
8. 小组间协作、交流与沟通(10)							
9. 养成"6S"的习惯(10)							
二、学习体会							
1. 对哪个实训最有兴趣?为什么?							
2. 你认为哪个实训最有用?为什么?							
3. 你认为哪个实训还可以改进?使操作更方便实用,请写出操作过程。(请同学们大胆创新,共同研讨,不断提高操作能力)							
4. 你还有哪些要求与设想?							
总体评价							
教师签名							

任务 3.2 灯光及雨刮总开关

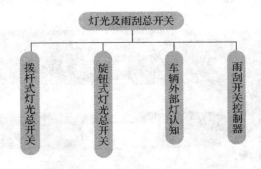

灯光总开关的作用是根据需要分别接通或切断各种灯光的电源,从而得到所需要的灯光。常见的灯光控制系统分为拨杆式(图 3.12(a))和旋钮式(图 3.12(b))两类。

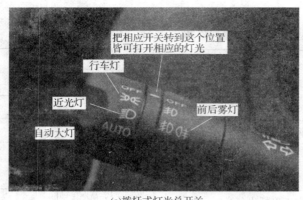
(a)拨杆式灯光总开关

(b)旋钮式灯光总开关

图 3.12　灯光控制系统

1. 拨杆式灯光总开关

拨杆式灯光总开关将所有的控制功能集中在一根拨杆上,顺序旋转操作杆端部便可以依次打开各种灯光,而雾灯控制则位于操作杆的里侧,同样依靠旋转进行控制,变换远近光和转向灯则依靠向不同方向推拉操作杆实现。有些车型的雾灯控制环可以双方向旋转,以实现单独开启后雾灯的功能,这种近在手边的模式十分利于操作。

拨杆式常见车型:日系、韩系、自主品牌。

2. 旋钮式灯光总开关

旋钮式灯光控制系统将所有的操作分为两部分,用于控制示宽灯、近光灯、前后雾灯的开关一般位于方向盘左侧的控制台上,通过旋转旋钮开关来控制开启自动大灯、行车灯、近光灯或防雾灯。其他灯光的控制如远近光变换、转向灯开启则仍需依靠方向盘下的操作杆来控制,这种模式将常用和非常用的操作分离开,可以有效减少误操作。

旋钮式常见车型:欧系、美系。

3. 车辆外部灯认知(图 3.13)

(a)车辆前部灯光

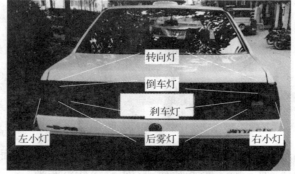
(b)车辆后部灯光

图 3.13　车辆外部灯

4. 雨刮开关控制器

绝大部分在售车型的雨刮开关,都设置在方向盘后右侧的拨杆上,样式均为拨杆式,如图3.14所示。有一些雨刮控制器开关也有设置在左侧拨杆上的,如广汽菲亚特菲翔、奔驰车等。两厢车、SUV、MPV等没有突出尾箱设计的车型都会配备后雨刮器,后雨刮的开关也设置在雨刮拨杆上,与前雨刮机构是两个独立的系统,可以单独控制。后雨刮开关有两种样式,分别为拨动式和旋钮式。与前雨刮相比,后雨刮的功能就简单得多了,只具备单一摆动频率及喷水功能。

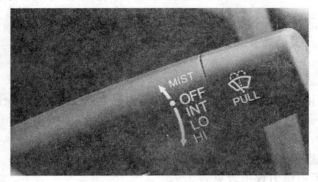

图3.14 雨刮开关控制总成

在雨刮器控制总成上的标识含义如下:
(1)MIST:雨刮器摆动一次;
(2)OFF:雨刮器关闭;
(3)INT:雨刮器自动间歇摆动;
(4)LO:雨刮器连续低速摆动;
(5)HI:雨刮器连续高速摆动;
(6)PULL:喷水与刮雨器同时进行。

某些车型雨刮的自动间歇工作挡位是可以调节摆动频率的,让雨刮摆动频率根据车速高低而快慢不同——将雨刮拨杆置于"自动间歇摆动"挡位时,雨刮便会依照调节的频率,根据车速快慢来变化摆动频率。摆动频率的调节机构主要有两种样式:拨动式及旋钮式,如图3.15所示。

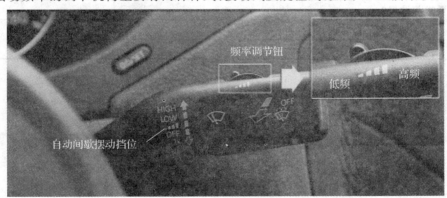

图3.15 间歇自动频率调节装置

使用时只需向前或后拉动拨杆开启不同功能的雨刮,或旋转控制开关开启后雨刮器。其控制原理我们将在《汽车电气设备原理与维修》中详细介绍。

技能训练

项目名称： 灯光总开关及雨刮开关操作及手语练习

实训准备：

实训车 4 辆。

实训目的：

(1) 能正确结合手语完成灯光控制开关的操作；准确认识车辆外部灯；

(2) 能正确认读雨刮开关功能并能正确进行操作。

具体任务：

(1) 三名学生一组完成汽车灯光的检查；

(2) 一名同学在车外用手势示意开启灯光项目，车内同学按手势进行操作并汇报，另一名同学对操作进行记录；

(3) 认识车辆外部灯；

(4) 操作雨刮开关观察雨刮器的工作状态。

灯光总开关操作及手语练习评价表见表 3.7。

表 3.7 灯光总开关操作及手语练习评价表

实训小组		姓名		实训时间		
一、学习评价				自评	互评	师评
1. 正确使用灯光检查的不同手势(25)						
2. 能正确操作灯光控制开关，认识车辆外部灯(25)						
3. 手势操作规范(20)						
4. 小组间协作、交流与沟通(20)						
5. 养成"6S"的习惯(10)						
二、学习体会						
1. 对汽车灯光检查的流程是什么？						
2. 你认为哪些手势还可以改进，会更加实用和美观？						
3. 你还有哪些要求与设想？						
总体评价						
教师签名						

任务 3.3 电磁继电器

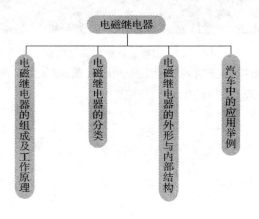

继电器是一种用小电流控制大电流的器件,继电器本身的触点可以做得很大,能够承受大电流的冲击。所以在汽车上经常利用开关来控制继电器的吸合与断开,从而利用继电器的触点控制电器部件的通断。

打开发动机盖便可以找到继电器安装盒(图 3.16)。汽车灯光、雨刮器、起动机、空调机、电动座椅、电动门窗、防抱死装置、悬挂控制、音响等的控制继电器均设置在安装盒内。

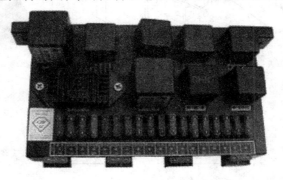

图 3.16 继电器安装盒

对汽车继电器的要求是要能适应震动、高温、低温、潮湿以及油、盐、水等侵蚀性恶劣环境,同时要求寿命长、高可靠、体积小、低消耗等。

1. 电磁式继电器的组成及工作原理

在汽车电气设备中触点式电压调节器、带起动继电器的电磁操纵强制啮合式起动机等都用到电磁式继电器。电磁式继电器由电磁机构和触头系统组成,如图3.17所示。

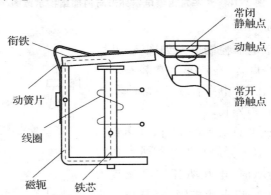

图 3.17 电磁式继电器结构简图

当电磁继电器线圈两端加上一定的电压或电流时,线圈产生的磁通通过铁芯、磁轭、衔铁、磁路工作气隙组成的磁路,在磁场的作用下使常闭触点断开,常开触点闭合;当线圈两端电压或电流小于一定值时,在动簧片的作用下回到初始状态,常开触点断开,常闭触点接通。

2. 继电器的分类

继电器种类很多,按输入信号可以分为电压继电器、电流继电器、功率继电器、压力继电器和温度继电器等;按工作原理可分为电磁式继电器、感应继电器、电动式继电器、电子式继电器和热继电器等;按继电器的外形尺寸可分为微型继电器、超小型微型继电器和小型微型继电器等;按继电器的负载可分为微功率继电器、弱功率继电器、中功率继电器和大功率继电器等。

3. 继电器的外形与内部结构(图 3.18)

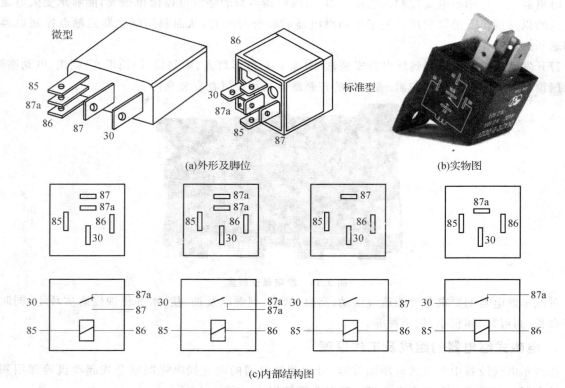

图 3.18　汽车常用继电器外形与内部结构示意图

4. 汽车中的应用举例

【案例 1】 双音电喇叭继电器控制电路如图 3.19 所示,为了得到较为和谐悦耳的声音,在汽车上常装有两个不同音调(高、低音)的电喇叭。其中高音喇叭膜片厚、扬声器短,而低音喇叭膜片薄、扬声器长。

装用单只螺旋形电喇叭或两只盆形喇叭时,电喇叭总电流较小(小于 8 A),一般直接由方向盘上的喇叭按钮控制。当装用两只螺旋形电喇叭时,电喇叭耗用电流较大(15~20 A),若采用方向盘上按钮直接控制,容易烧蚀按钮触点。为避免这个缺点,可采用继电器控制双音电喇叭。按下方向盘上喇叭按钮时,喇叭继电器线圈通电,使继电器铁芯产生电磁吸力,将继电器触点闭合,接通了双音电喇叭,喇叭发音。松开方向盘喇叭按钮时,继电器线圈断电,铁芯电磁吸力消失,触点在自身弹力作用下张开,切断了电喇叭电路,电喇叭停止发音。

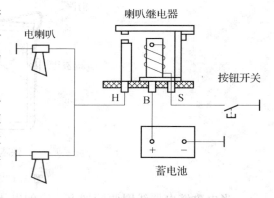

图 3.19　双音电喇叭继电器控制电路

【案例 2】 带电磁继电器控制的启动电路。

图 3.20 所示为带电磁继电器控制起动机的控制电路。当点火开关未扭转到启动时,起动继电器线圈未接通,继电器不能吸合,起动机不工作。当点火开关扭转至启动挡时接通图中所示的"点火开关",为起动机供电,起动机工作。(具体的控制原理我们将在《汽车电气设备原理与维修》中学习,这里不再讲述)

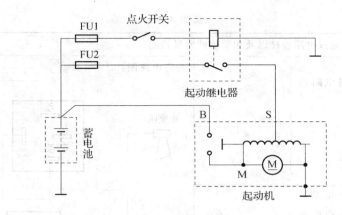

图 3.20 基本启动电路

项目名称: 电磁继电器的检测与线路搭接

实训准备:

继电器若干、万用表、连接导线、电喇叭、蓄电池(或 12 V/5 A 稳压电源)、按钮开关、常用工具。

实训目的:

(1)能正确识读继电器(型号、参数、脚位)并能画出继电器结构示意图;

(2)能使用万用表对继电器进行静态检测,初步判断继电器性能与质量;

(3)能完成双音电喇叭控制电路的连接。

具体任务:

(1)各小组对不同的继电器进行识读,将情况记录在实训记录表中;

(2)用万用表测量继电器的引脚并标出各脚功能;

(3)根据双音电喇叭电路图完成电路连接与通电实验。

实训记录(表 3.8、表 3.9):

表 3.8 实训记录表

1. 识读继电器(完成下列表格内容填写)

(1)继电器型号		(3)用万用表检测继电器线圈阻值	被测继电器线圈引脚为_____#和_____# 使用万用表的_____欧姆挡位,测试继电器线圈电阻值,其电阻值为_____Ω。		
(2)继电器内部结构图(标出脚位号)		(4)用万用表通断挡检测各触点通断情况并记录	触点关系	线圈加电(12 V)	线圈失电
			30—87	通☐ 断☐	通☐ 断☐
			30—87a	通☐ 断☐	通☐ 断☐
			87—87a	通☐ 断☐	通☐ 断☐
		(5)根据测量结果初步判断继电器质量			

续表3.8

2. 根据双音电喇叭电路图完成电路连接以及相关器件质量检测

(6)检测喇叭的质量(测量电阻值是否与标称值相同)	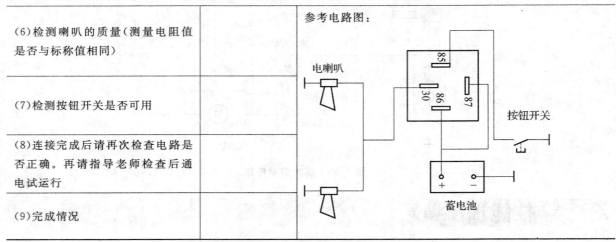 参考电路图：
(7)检测按钮开关是否可用	
(8)连接完成后请再次检查电路是否正确。再请指导老师检查后通电试运行	
(9)完成情况	

表3.9 电磁继电器的检测与线路搭接评价表

考核与评价			
考核要求	自评	互评	师评
1. 正确画出继电器的外形及脚位号，并在图中正确标出(10)			
2. 能正确使用万用表分别测量各脚号间阻值(10)			
3. 能正确使用万用表和电源测试不同工况下触点间通断情况(10)			
4. 能根据电路图正确进行电路连接。错一处扣5分(20)			
5. 会检测实验用其他设备(5)			
6. 电路功能实现(第一次未实现扣5分,第二次未实现扣10分,第三次未实现扣完配分)(20)			
7. 未出现不安全的因素(10)			
8. 小组间协作、交流与沟通(10)			
9. 养成"6S"的习惯(5)			
总体评价			
教师签名			

任务3.4 电磁阀

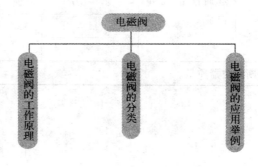

电磁阀是利用电能流经线圈产生电磁吸力来吸引阀芯,以切断(或导通)油、水、气等物质的流通。也可调整介质的流向、流量、速度等。常见汽车电磁阀组件如图 3.21 所示。

图 3.21　电磁阀组件

3.4.1　电磁阀的工作原理

如图 3.22 所示,当电磁阀的电磁线圈通电时,电磁线圈产生磁力吸引活动阀芯向上运动,复位弹簧同时被压缩,阀芯带动密封圈向上移动,开启进气口与出气口通道,气流从进气口经阀门到达出气口。当电磁阀的线圈断电时,阀杆在弹簧力和自身重力的作用下向下移动关闭阀门,封住气流。

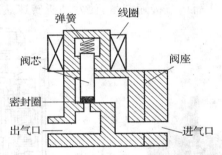

图 3.22　电磁阀工作原理示意图

3.4.2　电磁阀的分类

汽车电磁阀是电子控制系统的执行元件。按其作用可以分为换挡电磁阀、锁止电磁针阀和调压电磁针阀。按其工作方式可以分为开关式电磁阀和脉冲式电磁阀。

汽车电磁阀应用于汽车发动机、变速箱、制动、转向等底盘系统和门锁等车身控制系统,起换挡、锁止或调压等功能。

3.4.3　电磁阀的应用举例

1. 怠速控制阀的结构及作用

怠速控制的目的是在保证发动机排放要求且运转稳定的前提下尽量使发动机的怠速转速保持最低,以降低怠速时的燃油消耗量。控制怠速进气量常见的有节气门直动式和旁通空气式两种。

(1)节气门直动式(图 3.23)

节气门直动式主要由节气门位置传感器、怠速节气门位置传感器和怠速开关以及齿轮驱动机构组成。当怠速开关闭合时,发动机 ECU 得知发动机处于怠速状态,并根据怠速节气门位置传感器的信号控制怠速直流电动机运转控制节气门的开启角度,使怠速转速达到最佳值。

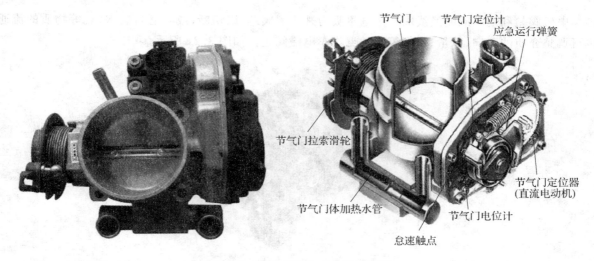

图 3.23 节气门直动式怠速控制器

(2)旁通空气式

旁通空气式怠速控制系统中,设有旁通节气门的怠速空气道,由执行元件控制流经怠速空气道的空气量。旁通空气式怠速控制系统按执行元件不同分为步进电机型、旋转电磁阀型、占空比控制电磁阀型、开关型等。步进电机式怠速控制阀(图3.24)是目前世界上应用最多的一种怠速控制装置。步进电机主要由转子和定子组成,丝杆机构将步进电机的旋转运动转变为直线运动,使阀芯做轴向移动来改变阀芯与阀座之间的间隙,从而调节旁通气量,使发动机转速达到所要求的目标值。

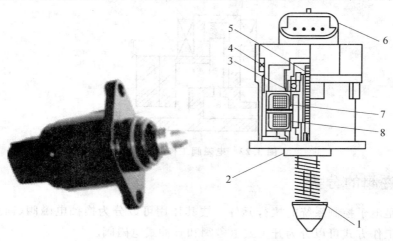

图 3.24 步进电机式怠速控制阀的结构

1—控制阀;2—前轴承;3—后轴承;4—密封圈;5—丝杆机构;6—线束连接器;7—定子;8—转子

2. 熄火控制器

熄火控制器由电磁阀(图3.25)、电磁线圈、进油孔和弹簧等组成。启动发动机时,钥匙开关转到启动挡,电磁阀线圈通电,使电磁线圈产生较大的电磁力,把电磁阀迅速打开,油路导通。发动机启动后,电磁阀已处于油路开启状态,这时只需较小的电流所产生的电磁吸力,就可以把电磁阀吸引在开启状态。当启动开关转到"停止"位置时,电磁线圈被断电,电磁力消失,回位弹簧把电磁阀阀芯推到关闭进油孔位置,油路被切断,油泵停止供油。

图 3.25 熄火电磁阀

技能训练

项目名称：节气门电机的驱动实验

实训准备：

万用表、汽车电控系统分析仪、节气门体、12 V/5 A 稳压电源、手动工具、连接导线等。

实训目的：

(1) 了解节气门电机的控制机理；

(2) 掌握节气门电机的驱动检查方法；

(3) 通过这项试验也可以对脉宽调制(PWM)信号的特征及应用特点有初步了解。

具体任务：

(1) 根据给出的节气门体电气插座中的引脚示意图(图3.26)，用专用插接导线引出 3♯、5♯ 端子并用万用表进行电动机绕组测量，判断电动机质量。

(2) 使用专用插接导线引出 3♯、5♯ 端子，在两端短时间加上 +12 V 直流电压，同时观察节气门体的阀门动作。如果阀门没有打开，只是轻微动作一下，需要将电源正负极对调后再试；如果通电后阀门打开 90°，则连接正确。请在图3.26中标记电源正负极所接的引脚。

(3) 用导线将图3.27中各部分实验设备进行连接。

(4) 经检查核实无误后，接通电源，仪器应有正常显示。在主菜单选择"执行器动作"，进入子菜单后选择"脉冲电磁阀"，在开度调节界面中用左右键细调开度(%)，同时观察节气门体阀门开度，用万用表直流电压挡位测量仪器的 D_out 端口电压值，将相关数据记录于表3.10中。

(5) 断开电源，回收仪器、实验器材，清理工作台面，清洁现场。

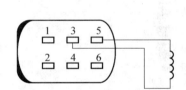

图 3.26 节气门电气插座引脚示意图

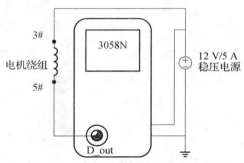

图 3.27 节气门驱动实验电路连接示意图

实训记录：

(1) 用万用表的 _____ 挡位，测量节气门插座 3♯ 和 5♯ 端子间电阻值，显示为 _____。

(2) 驱动数据记录表(表3.10、表3.11)。

表 3.10 实训记录表

节气门开度	关闭	初开(>5°)	1/4(22°)	1/2(45°)	全开(90°)
信号特征/%					
D_out 电压/V					

表 3.11 节气门电机的驱动实验评价表

考核与评价			
考核要求	自评	互评	师评
1. 正确用专用插接导线引出 3#、5#端子(5)			
2. 能正确使用万用表分别 3#、5#端子阻值(10)			
3. 能准确判断 3#、5#端子与电源的连接(10)			
4. 能根据电路图正确进行电路连接。错一处扣 5 分(20)			
5. 会使用测试用设备(10)			
6. 测试数据记录准确(20)			
7. 未出现不安全的因素(10)			
8. 小组间协作、交流与沟通(10)			
9. 养成"6S"的习惯(5)			
总体评价			
教师签名			

任务 3.5　汽车保护装置

汽车电路和设备的保护装置一般分为电路保护装置和电子保护装置两大类。

3.5.1　电路保护装置

汽车电路保护装置常用的有熔断器、易熔线和断电器三类。

1. 熔断器

熔断器是最常见的电路保护装置,熔断器集中装在熔断器盒(图 3.28)内。由于车型的不同,熔断器盒的安装位置也不同,通常安装在仪表板下、前围板后面、杂物箱后面或前挡板上,熔断器标识和规格通常贴在熔断器盒内或其盒盖上。

按熔断器的壳体材料分,常见的熔断器有塑料片式、玻璃管式、陶瓷式几类。按熔断器的型号可分为大号熔断器、标准汽车熔断器和小号熔断器。各种熔断器的外形(图 3.29)各不相同,但内部结构和原理是基本一致的。

图 3.28　熔断器盒

图 3.29 常用熔断器

熔断器与它保护的电路串联,熔断器的一端接蓄电池,另一端接要保护的电路,若要增加汽车附件时,必须根据实际情况选择正确的熔断器(熔断器的额定电流要稍大于实际的负载电流)。

2. 易熔线

易熔线(图 3.30)对主电源线提供保护。易熔线由易熔材料制成,外表包裹特别的耐热绝缘层。一辆汽车上一根或几根易熔线,在易熔线的外壳上标有额定值,电路过载时易熔线会熔化,从而切断电路。易熔线一般位于蓄电池附近的主连接处,也有装配在起动机附近的主连接电路中。易熔线的电流容量由它的线号决定,线号越大电流越大。常见的易熔线有紫、棕、橙、黑四种颜色,其标称容量及规格见表 3.12。

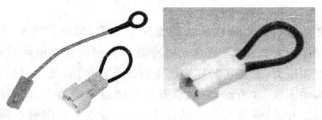

图 3.30 易熔线

表 3.12 常见易熔线的标称容量及规格

标称容量/A	截面积/mm²	额定电流/A	5 s 熔断电流/A	颜色
20	0.3	13	150	紫
40	0.5	20	200	棕
60	0.85	25	250	橙
80	1.25	33	300	黑

3. 断电器(断路器)

断电器实物如图 3.31 所示,内部结构及接线如图 3.32 所示,常用于正常工作时容易过载的电路中,利用双金属片受热变形的原理制成,可重复使用,按其作用的形式有两种:按通式和双金属片自动复位式。与易熔线和熔断器相比,其特点是可以重复使用。

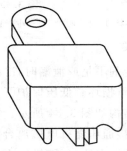

图 3.31 断电器实物外形图

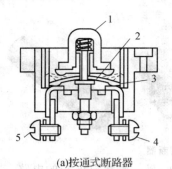 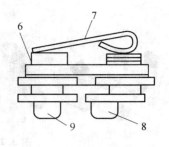

(a)按通式断路器　　　　　　　(b)双金属片自动复位式

图 3.32　断电器内部结构及接线图

1—复位按钮；2、7—双金属片；3、6—触点；4、5、8、9—接线柱

3.5.2　电子保护装置

汽车电子保护装置非常多，下面就以汽车空调压力保护装置为例简述其保护原理。

汽车空调压力开关主要有高压开关、低压开关和高低压组合开关三类。它们的作用是保证系统在压力异常的情况下启动相应的保护电路，或者切断压缩机电磁离合器线圈，防止损坏系统部件。

1. 高压保护开关

高压保护开关是用来防止制冷系统在异常的高压下工作，以保护冷凝器和高压管路不会爆裂。高压保护开关通常有两种保护方式：一是会自动将冷凝器风扇高速挡电路接通，提高风扇转速，以便较快地降低冷凝器的温度和压力；二是切断压缩机电磁离合器电路，使压缩机停止运行。

高压保护开关的结构如图 3.33 所示，它通常安装在储液干燥器上，使高压制冷剂蒸气直接作用在膜片上。对于常开型高压开关，在压力正常情况下，活动触点与固定触点断开，冷凝器风扇停止工作。当压力超过升高至工作压力上限时，膜片推动活动触点下移与固定触点相接触，接通冷凝器风扇，冷凝器风扇高速运转强制冷却从而降低管路的压力。

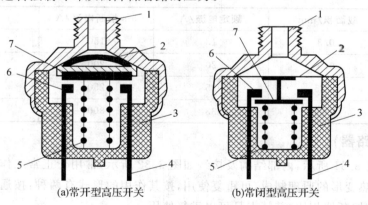

(a)常开型高压开关　　　　　　　(b)常闭型高压开关

图 3.33　高压保护开关的结构

1—管路接头；2—膜片；3—外壳；4—接线柱；5—弹簧；6—固定触点；7—活动触点

2. 低压保护开关

当制冷系统的制冷剂不足或泄漏时，冷冻润滑油也有可能随着泄漏，系统的润滑便会不足，压缩机继续运行，将导致严重损坏。低压保护开关的功能就是感测制冷系统高压侧的制冷剂压力是否正常。低压保护开关的结构如图 3.34 所示。它通常用螺纹接头直接安装在系统管路高压侧。当制冷剂压力正常时，动触点接通压缩机电磁离合器电路；当压缩机排出的制冷剂压力过低时，低压保护开关会自动切断电磁离合器电路，压缩机停止运行，以保护压缩机不会损坏。

低压保护开关还有一个功能,是在环境温度较低时,会自动切断离合器电路,使压缩机在低温下自动停止运行,这样可减少动力消耗,达到节能的目的。

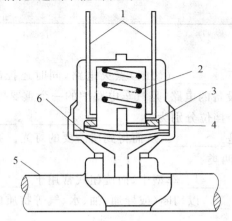

图 3.34　低压保护开关的结构

1—导线;2—弹簧;3—动触点;4—支座;5—压力导入管;6—膜片

3. 高低压组合保护开关

新型的空调制冷系统是把高、低压保护开关组合成一体,安装在储液器上面。这样既可减少质量和接口,又可减少制冷剂泄漏的可能性,如图 3.35 所示。

高低压组合保护开关工作原理如下:

当高压制冷剂的压力正常时,压力应在 0.423~2.75 MPa 之间,金属膜片和弹簧力处在平衡位置,高压触头 14、15 和低压触头 1、2、6、7 都闭合,电流从 6、7 触头到高压触头 14、15 后再到 1、2 触头出来。当制冷压力下降到 0.423 MPa 时,弹簧压力将大于制冷剂压力,推动低压触头 1、2 和 6、7 脱开,电流随即中断,压缩机停止运行,如图 3.35(a)所示。反之当压力大于 2.75 MPa 时,蒸气压力将整个装置往上推到上止点。蒸气继续压迫金属膜片上移,并推动顶销将动高压触头 14 与静高压触头 15 分开,将离合器电路断开,压缩机停止运行,如图 3.35(b)所示。当高压端的压力小于 2.75 MPa 时,金属膜片恢复正常位置,压缩机又开始运行。

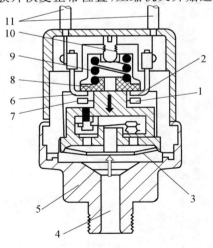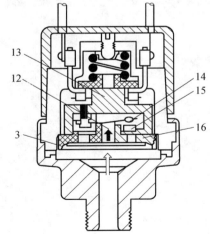

(a)制冷压力小于0.423 MPa时　　　　　　(b)制冷压力大于2.75 MPa时

图 3.35　高低压组合保护开关

1、7—动低压触头;2、6—静低压触头;3—膜片;4—制冷剂压力通道;5—开关座;
8—绝缘片;9—弹簧;10—调节螺钉;11—接线柱;12—顶销;13—钢座;
14—动高压触头;15—静高压触头;16—膜片座

课后练习

一、填空题

1. 点火开关主要用来_____(切断)点火电路,同时还控制_____、_____、_____及其他辅助电气设备的电路,是汽车电路中的一个重要控制开关。
2. 四挡点火开关的四个挡位分别为_____、_____、_____和_____挡。
3. 灯光总开关的作用是_____,从而得到所需要的灯光。我们常见的灯光控制系统分为_____和_____两类。
4. 拨杆式车灯常用在_____车型中,而旋钮式常用于_____车型中。
5. 电磁阀是利用_____,以切断(或导通)油、水、气等物质的流通。也可调整介质的流向、流量、速度等。
6. 汽车电路和设备的保护装置一般分为_____保护装置和_____保护装置两大类。
7. 熔断器按壳体材料常分_____、_____和陶瓷式三类。按熔断器的型号可分为_____熔断器、_____汽车熔断器和_____熔断器。
8. 与易熔线和熔断器相比,断路器最大的特点是_____。

二、简述题

1. 简述汽车四挡点火开关的各挡含义。
2. 简述电磁式继电器的组成和工作原理。
3. 简述启动电路的工作过程。
4. 简述电磁阀的工作原理。
5. 简述空调高压保护开关的控制原理。

模块 4

汽车电路识图

【知识目标】

1. 了解汽车电路的组成、特点及类型;
2. 能准确识别常见电器符号;
3. 知道汽车电路识图的一般步骤和方法。

【技能目标】

1. 会运用仪表对简单电路进行检测与维修;
2. 能结合电路图符号找到实物。

【课时计划】

任务	任务内容	参考课时		
		理论课时	实训课时	合计
任务 4.1	汽车电路的构成	1	0	1
任务 4.2	汽车电器图形符号	1	1	2
任务 4.3	汽车电路图识读	2	2	4
共计:7 课时				

任务4.1 汽车电路的构成

为了使汽车的电气设备工作，按照它们各自的工作特性及相互间的内在联系，用导线和车体把电源、电路保护装置、控制器件及用电设备连接起来，构成能使电流流通的路径，这种路径称为汽车电路。

1. 汽车电路的组成

汽车电路主要由电源、电路保护装置、控制器件、用电设备及导线组成。

（1）电源

汽车上装有两个电源，即蓄电池和发电机，保证汽车各用电设备在不同情况下都能投入正常工作。

（2）电路保护装置

电路保护装置主要有断丝、电路断电器及易熔线等，在电路中起保护作用。当电路中流过超过规定的电流时切断电路，防止烧坏电路连接导线和用电设备，并把故障限制在最小范围内。

（3）控制器件

除了传统的各种手动开关、压力开关、温控开关外，现代汽车还大量使用电子控制器件，包括简单的电子模块（如电子式电压调节器等）和微电脑形式的电子控制单元（如发动机电控单元、自动变速器电控单元等）。电子控制器件和传统开关在电路上的主要区别是电子控制器件需要单独的工作电源及需要配用各种形式的传感器。

（4）用电设备

用电设备包括电动机、电磁阀、灯泡、仪表、各种电子控制器件和部分传感器等。

（5）导线

导线用于将以上各种装置连接起来构成电路。此外，汽车上通常用车体代替部分从用电器返回电源的导线。

2. 汽车电路的类型

（1）汽车电路根据各自的功能不同，一般可分为电源电路、搭铁电路及控制电路。

电源电路主要是为电器部件提供电源,传统又称为电器部件的"火"线。如图4.1所示,用电设备为电动机,电源为蓄电池,从蓄电池正极到电动机之间的线路AB段为电器部件(电动机)的电源电路。

搭铁电路主要是为电器部件提供电源回路;如蓄电池负极搭铁部分、电动机负极搭铁部分和汽车金属车架部分。

控制电路主要是控制电器部件是否工作的电路部分。如控制开关、继电器及各种电路保护装置部分等。

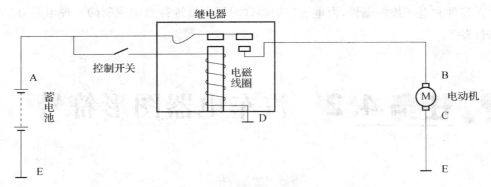

图4.1 汽车电路的功能

(2)根据控制器件与用电部件之间是否使用继电器,可分为直接控制电路和间接控制电路。

直接控制电路是最基本、最简单的电路。这种控制电路中不使用继电器,控制器件与用电器串联,直接控制用电器。如图4.2所示,直接控制电路为:蓄电池正极→电路保护装置→控制器件→用电部件(灯泡)→搭铁→蓄电池负极。

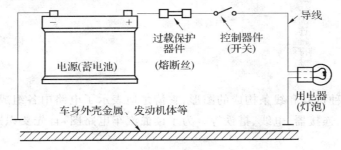

图4.2 直接控制电路

间接控制电路是在控制器件与用电部件之间使用继电器或电子控制器的电路。

如图4.3所示,控制器件和继电器内的电磁线圈所处的电路称为控制电路。用电器和继电器内的触点所处的电路称为主电路。

继电器或电子控制器对受其控制的用电器来讲是控制器件,但继电器和晶体管同时又受到各种开关、电控单元等控制器件的控制,从这个意义上来讲,它们又是执行器件,所以它们具有双重性。

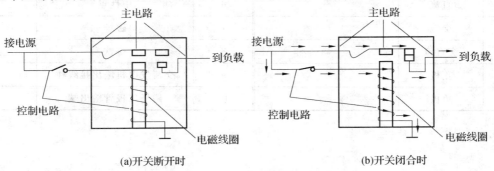

图4.3 继电器

(3)按电路是否由电子控制来分,可分为电子控制电路与非电子控制电路。

非电子控制电路是由手动开关、压力开关、温控开关及滑线变阻器等传统控制器件对用电器进行控制的电路。

汽车上的手动开关主要是点火开关、照明灯开关、信号灯开关及各控制面板与驾驶座附近的按键式、拨杆式开关及组合式开关等。

目前电子控制取代其他控制模式成为现代汽车控制的主要方式,如发动机的机械控制燃油喷射被电控燃油喷射所取代,自动变速器及 ABS 由液压控制转变为电子控制等。电子控制电路是指增加了信号输入元件和电子控制器件,由电子控制器件对用电器进行自动控制的一种电路,此时用电器一般称为执行器。

任务 4.2　汽车电器图形符号

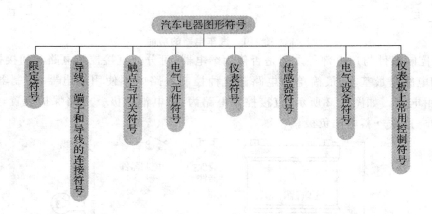

电路图是利用各种符号和线条构成的图形,它清楚地表示了电路中各组成元件,如电源、保险、继电器、开关、继电器盒、连接器、电线、搭铁等。为了读懂汽车电路图,首先要识别电路图中的各种图形符号及其含义。

4.2.1　限定符号

限定符号见表 4.1。

表 4.1　限定符号

序号	名称	图形符号	序号	名称	图形符号
1	直流	—	6	中性点	N
2	交流	~	7	磁场	F
3	交直流	≃	8	搭铁	⊥
4	正极	+	9	交流发电机输出接线柱	B
5	负极	−	10	磁场二极管输出端	D+

4.2.2 导线、端子和导线的连接符号

导线、端子和导线的连接符号见表4.2。

表4.2 导线、端子和导线的连接符号

序号	名称	图形符号	序号	名称	图形符号
1	接点	●	11	多极插头和插座（图示为三极）	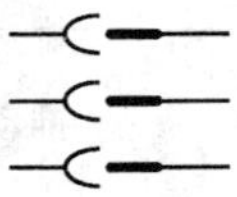
2	端子	○			
3	可拆卸的端子	⌀			
4	导线的连接	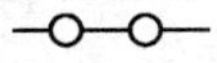 —○—○—			
5	导线的分支连接	┬	12	接通的连接片	
6	导线的交叉连接	✚	13	断开的连接片	
7	导线的跨越	┼	14	边界线	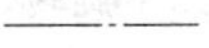
8	插座的一个极		15	屏蔽（护罩）	
9	插头的一个极		16	屏蔽导线	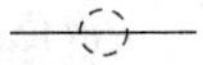
10	插头和插座				

4.2.3 触点与开关符号

触点与开关符号见表4.3。

表4.3 触点与开关符号

序号	名称	图形符号	序号	名称	图形符号
1	动合（常开）触点		10	钥匙操作	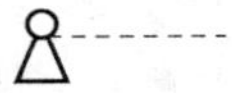
2	动断（常闭）触点		11	热执行器操作	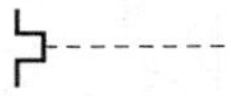
3	先断后合的触点		12	温度控制	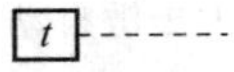 t
4	中间断开的双向触点	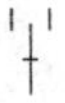	13	压力控制	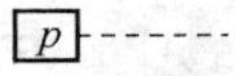 p
5	双动合触点		14	制动压力控制	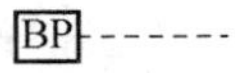 BP
6	双动断触点		15	液位控制	
7	单动断双动合触点		16	凸轮控制	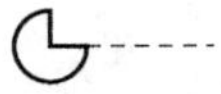
8	双动断单动合触点	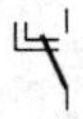	17	联动开关	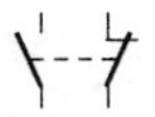
9	一般情况下手动控制		18	手动开关的一般符号	

续表 4.3

序号	名称	图形符号	序号	名称	图形符号
19	拉拔操作		29	定位（非自动复位）开关	
20	旋转操作		30	按钮开关	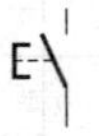
21	推动操作		31	能定位的按钮开关	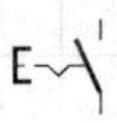
22	一般机械操作	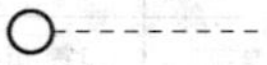	32	拉拔开关	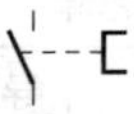
23	旋转、旋钮开关	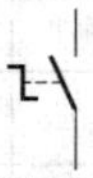	33	热继电器触点	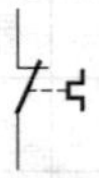
24	液位控制开关	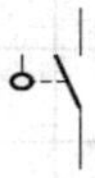	34	旋转多挡开关位置	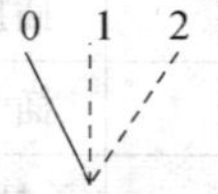
25	机油滤清器报警开关	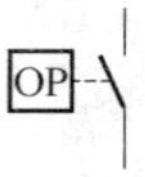	35	推拉多挡开关位置	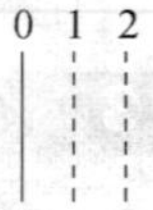
26	热敏开关动合触点	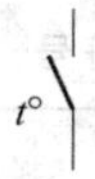	36	钥匙开关（全部定位）	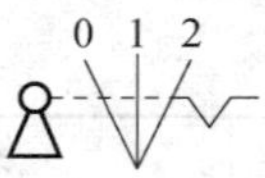
27	热敏开关动断触点	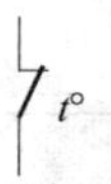	37	多挡开关、点火、启动开关、瞬时位置为2能自动返回到1（即2挡不能定位）	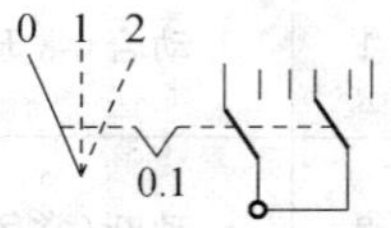
28	热敏自动开关动断触点	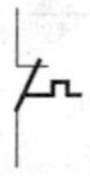	38	节流阀开关	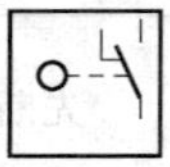

4.2.4 电气元件符号

电气元件符号见表4.4。

表 4.4 电气元件符号

符号	名称	符号	名称
	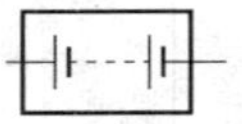 蓄电池		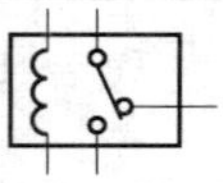 双投式继电器
	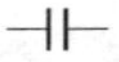 电容器		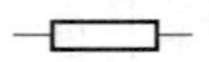 电阻
	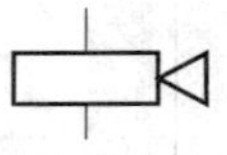 点烟器		 分接式电阻
	 断路器		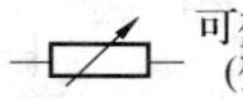 可变式电阻（变阻器）

续表 4.4

符号	名称	符号	名称
	二极管		传感器(热敏电阻)
	齐纳二极管		模拟速度传感器
	分电器、集成式点火总成		短插脚
	保险丝		电磁线圈
	熔断丝		前照灯 1.单丝 2.双丝
	地线		嗽叭
	继电器 1.通常闭合 2.通常断开		点火线圈
	灯		
	LED(发光二极管)		双投式开关
	模拟式仪表		点火开关
	数字式仪表		刮水器开关
	电动机		晶体管
	扬声器		电线 1.未连接 2.绞接
	手动式开关 1.通常断开 2.通常闭合		

4.2.5 仪表符号

仪表符号见表4.5。

表4.5 仪表符号

序号	名称	图形符号	序号	名称	图形符号
1	指示仪表	⊙	8	转速表	n
2	电压表	V	9	温度表	t''
3	电流表	A	10	燃油表	Q
4	电压电流表	A/V	11	车速里程表	v
5	欧姆表	Ω	12	电钟	⌐
6	瓦特表	W	13	数字式电钟	8⊙
7	油压表	OP			

4.2.6 传感器符号

传感器符号见表4.6。

表4.6 传感器符号

序号	名称	图形符号	序号	名称	图形符号
1	传感器的一般符号	*	8	空气流量传感器	AF
2	温度表传感器	$t°$	9	氧传感器	λ
3	空气温度传感器	$t°a$	10	爆震传感器	K
4	水温传感器	$t°w$	11	转速传感器	n
5	燃油表传感器	Q	12	速度传感器	v
6	油压表传感器	OP	13	空气压力传感器	AP
7	空气质量传感器	m	14	制动压力传感器	BP

4.2.7 电气设备符号

电气设备符号见表4.7。

表4.7 电气设备符号

序号	名称	图形符号	序号	名称	图形符号
1	照明灯、信号灯、仪表灯、指示灯	⊗	13	闪光器	G
2	双丝灯		14	霍尔信号发生器	
3	荧光灯		15	磁感应信号发生器	
4	组合灯		16	温度补偿器	$t°$ comp
5	预热指示器		17	电磁阀一般符号	
6	电喇叭		18	常开电磁阀	
7	扬声器		19	常闭电磁阀	
8	蜂鸣器		20	电磁离合器	
9	报警器、电警笛		21	用电动机操纵的怠速调整装置	M
10	元件、装置、功能元件		22	过电压保护装置	$U>$
11	信号发生器	σ	23	过电流保护装置	$I>$
12	脉冲发生器	G	24	加热器(除霜器)	

续表 4.7

序号	名称	图形符号	序号	名称	图形符号
25	振荡器		41	点火线圈	
26	变换器、转换器		42	分电器	
27	光电发生器		43	火花塞	
28	空气调节器		44	电压调节器	
29	滤波器		45	转速调节器	
30	稳压器		46	温度调节器	
31	点烟器		47	串激绕阻	
32	热继电器		48	并激或他激绕组	
33	间歇刮水继电器		49	集电环或换向器上的电刷	
34	防盗报警系统		50	直流电动机	
35	天线一般符号		51	串激直流电动机	
36	发射机		52	并激直流电动机	
37	收音机		53	永磁直流电动机	
38	内部通信联络与音乐系统		54	起动机(带电磁开关)	
39	收放机		55	燃油泵电动机、洗涤电动机	
40	天线电话		56	晶体管电动燃油泵	

续表 4.7

序号	名称	图形符号	序号	名称	图形符号
57	传声一般符号		71	加热定时器	
58	点火电子组件		72	蓄电池组	
59	风扇电动机		73	蓄电池传感器	
60	刮水电动机		74	制动灯传感器	
61	天线电动机		75	尾灯传感器	
62	直流伺服电动机		76	制动器摩擦片传感器	
63	直流发动机		77	燃油滤清器积水传感器	
64	星形连接的三相绕组		78	三丝灯泡	
65	三角形连接的三相绕组		79	汽车底盘与吊机间电路滑环与电刷	
66	定子绕组为星形连接的交流发电机		80	自记车速里程表	
67	定子绕组为三角形连接的交流发电机		81	带电钟自记车速里程表	
68	外接电压调节器与交流发电机		82	带电钟的车速里程表	
69	整体式交流发电机		83	门窗电动机	
70	蓄电池		84	座椅安全带装置	

4.2.8 仪表板上常用控制符号

仪表板上常用控制符号如图4.4所示。

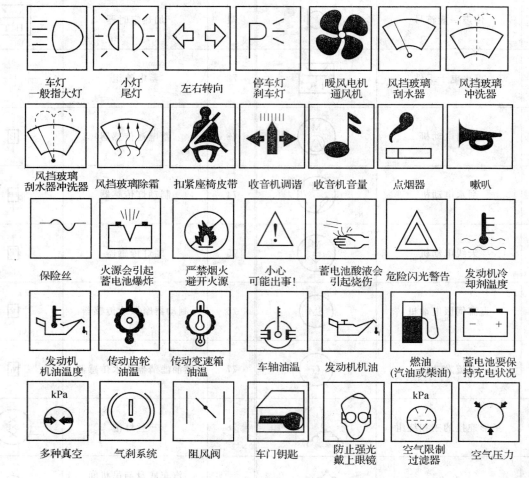

图 4.4 仪表板上常用控制符号

技能训练

项目名称：汽车电器图形符号识别
实训准备：
示教板、相关电路图等。
实训目的：
会识别常用电子器件的图形符号。
具体任务：
在图纸上找出电器图形符号。
工具和材料：
相关电路图。
实训记录：
1. 在图4.5中，你认识的电路元器件有哪些？

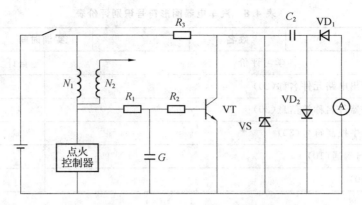

图 4.5　桑塔纳轿车电子式转速表电路原理图

2. 在图 4.6 中，电源电压为（　　）V，VT_1 表示（　　）元件，C_1 表示（　　）元件，C_2 与集成电路（　　）脚相连，电源正极与集成电路（　　）脚相连。二极管的型号为（　　），继电器的型号为（　　），变阻器的文字符号为（　　）。

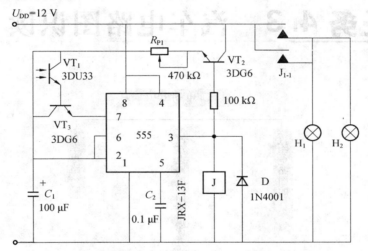

图 4.6　汽车前大灯控制电路

3. 在图 4.7 中，你认识哪些控制符号？

图 4.7　汽车仪表

汽车电器图形符号识别评价表见表 4.8。

表 4.8　汽车电器图形符号识别评价表

实训小组		姓名		实训时间		
学习评价				自评	互评	师评
1. 在图 4.5 中正确标出电路元件名称(20)						
2. 能填写准确图 4.6 器件名称等信息(30)						
3. 能填写准确图 4.7 中控制符号(30)						
4. 小组间协作、交流与沟通(10)						
5. 养成"6S"的习惯(10)						
总体评价						
教师签名						

任务 4.3　汽车电路图识读

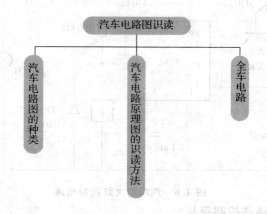

汽车电路图是利用各种符号和线条构成的图形,它清楚地表示了电路中各组成元件,如电源、保险、继电器、开关、继电器盒、连接器、电线、搭铁等。有些电路图还表示了电器零件的安装位置、连接器的形式及接线情况、电线的颜色、接线盒和继电器盒中继电器及保险的位置,线束在汽车上的布置。

4.3.1　汽车电路图的种类

汽车电路图有电器连接简图、布线图、电路原理图和线束图四种。

1. 电器连接简图

电器连接简图是按全车各独立电气系统划分,图中既有电气设备图形符号,又有电气设备外形特征图形,使整个电路识读起来更为直观简便,如图 4.8 所示。

2. 布线图

布线图是指专门用来标记电气设备的安装位置、外形、线路走向等的指示图。它按照全车电气设备安装的实际方位绘制,部件与部件之间的连线按实际关系绘出,并将线束中同路的导线尽量画在一起。这样,汽车布线图就较明确地反映了汽车实际的线路情况,查线时导线中间的分支、接点很容易找到,为安装和检测汽车电路提供方便。但因其线条密集,纵横交错,给识图、查找、分析故障带来不便,如图 4.9 所示。

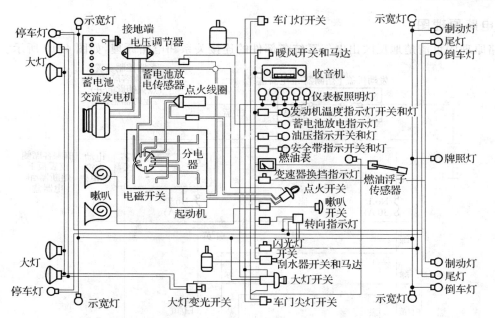

图 4.8 电器连接简图

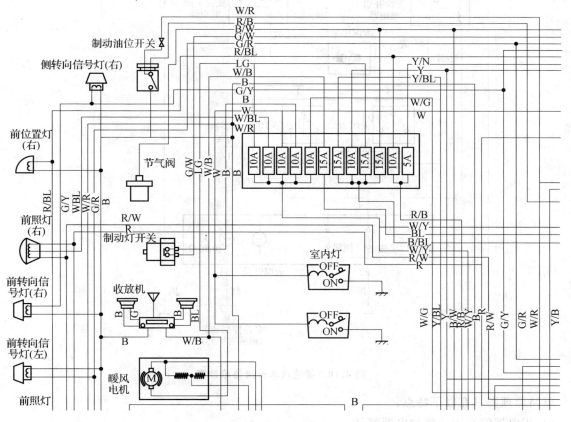

图 4.9 布线图

3. 电路原理图

电路原理图可清楚地反映出电气系统各部件的连接关系和电路原理,如图 4.10 所示。

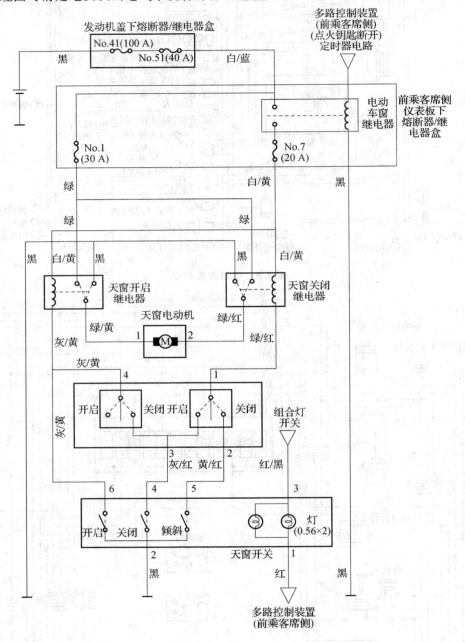

图 4.10 捷达汽车升降器原理图

电路原理图具有以下特点:

(1)用电器符号表达各种电器部件。

(2)在大多数图中,电源线在图上方,搭铁线在图下方,电流方向自上而下。电路较少迂回曲折,电路图中电器串、并联关系十分清楚,电路图易于识读。

(3)各电器不再按电器在车上的安装位置布局,而是依据工作原理,在图中合理布局,使各系统处于相对独立的位置,从而易于对各用电设备进行单独的电路分析。

(4)各电器旁边通常标注有电器名称及代码(如控制器件、继电器、过载保护器件、用电器、铰接点及搭铁点等)。

(5)电路原理图中所有开关及用电器均处于不工作的状态,例如点火开关是断开的,发动机不工作,车灯关闭等。

(6)导线一般标注有颜色和规格代码,有的车型还标注有该导线所属电器系统的代码。根据以上标注,易于对照定位图找到该电器或导线在车上的位置。

(7)电路原理图有整车电路原理图和局部电路原理图之分。

整车电路原理图:为了需要,常常要尽快找到某条电路的始末,以便分析确定有故障的路线。在分析故障原因时,不能孤立地仅局限于某一部分,而要将这一部分电路在整车电路中的位置及与相关电路的联系都表达出来。

局部电路原理图:为了弄清汽车电器的内部结构,各个部件之间相互连接的关系,弄懂某个局部电路的工作原理,常从整车电路图中抽出某个需要研究的局部电路,参照其他详细的资料,必要时根据实地测绘、检查和试验记录,将重点部位进行放大、绘制并加以说明。

4. 线束图

在汽车上,为了安装方便和保护导线,将同路的许多导线用棉纱编制物或聚氯乙烯塑料带包扎成束。线束图是根据电气设备在汽车上的实际安装部位绘制的全车电路图,如图4.11所示。

整车电路线束图常用于汽车厂总装线和修理厂的连接、检修与配线。线束图主要表明电线束与各用电器的连接部位、接线端子的标记、线头、插接器(连接器)的形状及位置等。这种图一般不去详细描绘线束内部的电线走向,只将露在线束外面的线头与插接器做详细编号或用字母标记。它是一种突出装配记号的电路表现形式,非常便于安装、配线、检测与维修。如果再将此图各线端都用序号、颜色准确无误地标注出来,并与电路原理图和布线图结合起来使用,则会起到更大的作用且能收到更好的效果。

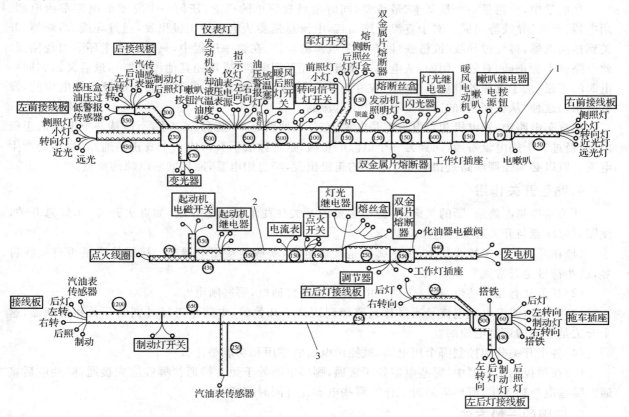

图4.11 汽车线束图

4.3.2 汽车电路原理图的识读方法

由于各国汽车电路图的绘制方法、符号标注、文字标注、技术标准的不同,各汽车生产厂家汽车电路图的画法有很大差异,甚至同一国家不同公司汽车电路图的表示方法也存在较大的差异,这就给读图带来许多麻烦,因此,掌握汽车电路图识读的基本方法显得十分重要。

1. 了解汽车电路图的一般规律

(1)电源部分到各电器熔断器或开关的导线是电气设备的公共火线。在电路原理图中一般画在电路图的上部。

(2)标准画法的电路图,开关的触点位于零位或静态。即开关处于断开状态或继电器线圈处于不通电状态,晶体管、晶闸管等具有开关特性的元件的导通与截止视具体情况而定。

(3)汽车电路的特点是双电源、单线制,各电器相互并联,继电器和开关串联在电路中。

(4)大部分用电设备都经过熔断器,受熔断器的保护。

(5)整车电路按功能及工作原理划分成若干独立的电路系统。这样可解决整车电路庞大复杂、分析困难的问题。现代汽车整车电路一般都按各个电路系统来绘制,如电源系、启动系、点火系、照明系、信号系等,这些单元电路都有着自身的特点,抓住特点把各个单元电路的结构、原理吃透,理解整车电路也就容易了。

2. 认真阅读图注

认真阅读图注,了解电路图的名称、技术规范,明确图形符号的含义,建立元器件和图形符号间一一对应的关系,这样才能快速准确地识图。

3. 掌握回路原则

在电学中,回路是一个最基本、最重要,同时也是最简单的概念,任何一个完整的电路都由电源、用电器、开关、导线等组成。对于直流电路而言,电流总是要从电源的正极出发,通过导线、熔断器、开关到达用电器,再经过导线(或搭铁)回到同一电源的负极,在这一过程中,只要有一个环节出现错误,此电路就不会正确、有效。例如:从电源正极出发,经某用电器(或再经其他用电器),最后又回到同一电源的正极,由于电源的电位差(电压)仅存在于电源的正负极之间,电源的同一电极是等电位的,没有电压。这种"从正到正"的途径是不会产生电流的。

在汽车电路中,发电机和蓄电池都是电源,在寻找回路时,不能混为一谈,不能从一个电源的正极出发,经过若干用电设备后,回到另一个电源的负极,这种做法不会构成一个真正的通路,也不会产生电流。所以必须强调回路是指从一个电源的正极出发,经过用电器,回到同一电源的负极。

4. 熟悉开关作用

开关是控制电路通、断的关键,电路中主要的开关往往汇集许多导线,如点火开关、车灯总开关,读图时应注意与开关有关的五个问题:

(1)在开关的许多接线柱中,注意哪些是接通电源,哪些是接用电器的。接线柱旁是否有接线符号,这些符号是否常见?

(2)开关共有几个挡位,在每个挡位中,哪些接线柱通电,哪些断电?

(3)蓄电池或发电机电流是通过什么路径到达这个开关的,中间是否经过别的开关和熔断器,这个开关是手动的还是电控的?

(4)各个开关分别控制哪个用电器,被控用电器的作用和功能是什么?

(5)在被控的用电器中,哪些电器处于常通,哪些电器处于短暂接通?哪些应先接通,哪些应后接通?哪些应单独工作,哪些应同时工作?哪些电器允许同时接通?

5. 识图的一般方法

(1)先看全图,把单独的系统框出来

一般来讲,各电器系统的电源和电源总开关是公共的。任何一个系统都应该是一个完整的电路,都应遵循回路原则。

(2)分析各系统的工作过程、相互间的联系

在分析某个电器系统之前,要清楚该电器系统所包含各部件的功能、作用和技术参数等。在分析过程中应特别注意开关、继电器触点的工作状态,大多数电器系统都是通过开关、继电器不同的工作状态来改变回路,实现不同功能的。

(3)通过对典型电路的分析,起到触类旁通的作用

不同类型汽车的电路原理图,很多部分都是类似或相近的,这样,通过一个具体的例子,举一反三,对照比较。触类旁通,可以掌握汽车的一些共同的规律,再以这些共性为指导,了解其他型号汽车的电路原理。又可以发现更多的共性以及各种车型之间的差异。

汽车电器的通用性和专业化生产使同一国家汽车的整车电路形式大致相同,如掌握了某种车型电路的特点,就可以大致了解相应车型或合资企业的汽车电路的特点。

因此,抓住几个典型电路,掌握各系统的接线特点和原则,对于了解其他车型的电路大有好处。

4.3.3 全车电路

汽车电路由相对独立的分系统组成,全车电路一般包括以下几部分:

(1)电源电路:由蓄电池、发电机及电压调节器和工作情况显示装置等组成,其主要任务是对全车所有用电设备供电并维持供电电压稳定。

(2)启动电路:由起动机、起动继电器、起动开关及起动保护装置等组成,其主其要任务是将发动机由静止状态转变为自行运转状态。

(3)点火电路:由分电器、电子点火控制器、点火线圈、火花塞及点火开关等组成,其主要任务是控制并产生足以击穿火花塞电极间隙的电压,同时按发动机工作顺序将高压电送至各缸火花塞。

(4)空调控制电路:由空调压缩机电磁离合器、空调控制器、控制开关及风机控制电路等组成,其主要任务是根据环境温度和空气质量控制调节车内的温度和空气质量,以满足乘员舒适度的要求。

(5)仪表电路:由仪表、指示表、传感器、各种报警器及控制器等组成,其主要任务是控制各种仪表显示信息参数及报警。

(6)照明与信号电路:由前照灯、雾灯、示廓灯、转向灯、制动灯、倒车灯等及其控制继电器和开关组成,其主要任务是控制各种照明灯的启闭及各种信号的输出。

(7)辅助电器电路:由各种辅助电器及其控制继电器和开关等组成,其主要任务是根据需要控制各种辅助电器的工作时机和工作过程。

(8)电子控制系统电路:由电子控制器 ECU 根据车辆上所装用的电控系统内容不同采用不同的控制方式完成控制功能。

技能训练

项目名称:启动电路的识读与分析

实训准备:

汽车启动系电路图、启动系示教板、手动工具等。

实训目的:

(1)学生会看懂电路的表达方法;

(2)会识别常用电子器件的图形符号;

(3)掌握读图方法。

具体任务:

(1)在图纸上找出电器图形符号;

(2)能在实训车中找出相应的电器;

（3）能准确判断电路中电流的流向。

工具和材料：

电器维修常用工具、实训车或台架。

实训记录：

1. 请在图 4.12 启动系电路中的相应位置标出蓄电池、电源总开关、易熔线、点火开关、起动机和起动继电器

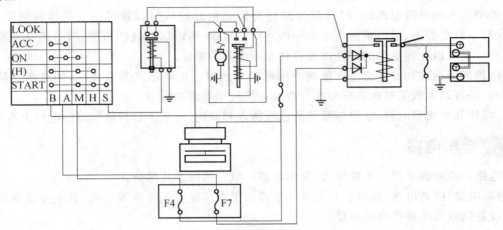

图 4.12 汽车启动系电路

2. 无起动继电器的启动控制电路分析

在图 4.13 中，点火开关接至启动挡时，请分析各电路中电流的流向。

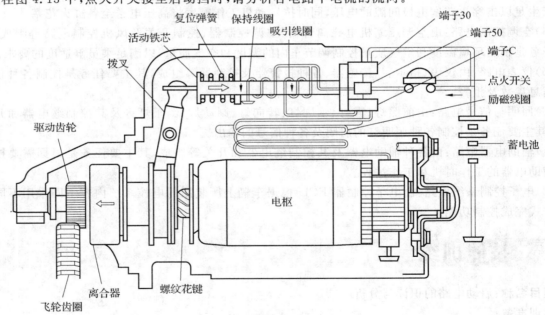

图 4.13 无起动继电器的启动控制电路

吸引线圈电路：蓄电池正极→点火开关启动挡→端子（　　）→吸引线圈→端子（　　）→励磁绕组→电枢绕组→（　　）→蓄电池负极；

保持线圈电路：蓄电池正极→点火开关启动挡→端子50→保持线圈→（　　）→蓄电池（　　）。

吸引线圈和保持线圈通过电流后，由于电流方向相同，磁场相加，将活动铁芯吸入。活动铁芯带动啮合器沿电枢轴螺旋齿槽后移，使启动齿轮与飞轮啮合。当启动齿轮与飞轮接近完全啮合时，活动铁芯便前移至一定位置，使触盘与触点接触，电动机开关开始接通；当两齿轮完全啮合时，活动铁芯前移到达极限位置，电动机开关被压紧，使开关可靠接触，电动机旋转，经啮合器带动发动机启动。

电动机电路:蓄电池正极→端子( )→触点触盘→端子( )→励磁绕组→正电刷→电枢线圈→负电刷→( )→蓄电池负极。当触点与触盘接通时,吸引线圈被短路,只靠保持线圈的磁力,足以能够保持活动铁芯在吸入后的位置。

发动机启动后,放松点火开关(从 ST 挡自动回转到 ON 挡)起动继电器断开,吸引线圈和保持线圈电路被切断,活动铁芯在弹簧作用下复位,触盘与触点分离,起动机停止工作。啮合器在弹簧的作用下回位,使启动齿轮与飞轮齿轮分开。

3. 启动电路实训及分析(图 4.14)

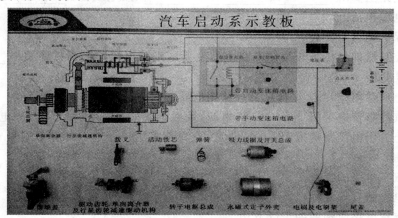

图 4.14 汽车启动系示教板

(1)请写出带手动变速箱电路中的电流方向。
(2)请指出示教板上的实物在电路图上的相应位置。
(3)照图连接电路,观察电路工作情况。
启动电路的识读与分析评价表见表 4.9。

表 4.9 启动电路的识读与分析评价表

实训小组		姓名		实训时间			
一、学习评价					自评	互评	师评
1. 在图 4.9 中正确标出电路元件名称(15)							
2. 能完成电动机所在电路的电流方向分析(15)							
3. 能完成保持线圈所在电路的电流方向分析(15)							
4. 能将电器实物与电路符号进行对应(15)							
5. 能正确连接电路实物,起动机工作(20)							
6. 小组间协作、交流与沟通(10)							
7. 养成"6S"的习惯(10)							
二、学习体会							
1. 对哪个实训最有兴趣?为什么?							
2. 你认为哪个实训最有用?为什么?							
3. 你认为哪个实训还可以改进?使操作更方便实用,请写出操作过程。(请同学们大胆创新,共同研讨,不断提高操作能力)							
4. 你还有哪些要求与设想?							
总体评价							
教师签名							

课后练习

一、填空题

1. 汽车电路主要由_____、_____、_____、用电设备及_____组成。
2. 汽车电源包括_____和_____。
3. 电路保护装置主要有_____、_____、_____等。
4. 电子控制器件和传统开关在电路上的主要区别是电子控制器件需要_____及需要配用各种形式的_____。
5. 汽车上通常用_____代替部分从用电器返回电源的导线。
6. 目前汽油车普遍采用_____V电源，重型柴油车多采用_____V电源。
7. 汽车上各用电设备均采用_____联，汽车都采用_____极搭铁。

二、简述题

1. 简述汽车电路的特点。
2. 汽车电路图有哪几种？
3. 简述汽车电路原理图的识读方法。
4. 汽车全车电路一般包括哪几部分？

模块 5

汽车电子信号应用基础

【知识目标】

1. 了解电子电路中信号的分类及主要参数;
2. 能够简单描述一些主要汽车传感器的信号范围;
3. 掌握汽车电子信号检测与模拟的原理。

【技能目标】

1. 指出汽车常见传感器输出信号的种类及信号特征;
2. 掌握示波器、万用表对汽车电子信号进行检测的方法;
3. 会使用专业的汽车检测仪器模拟一些常见的汽车电子信号;
4. 掌握汽车电控系统故障诊断的一般性规律。

【课时计划】

任务	任务内容	参考课时		
		理论课时	实训课时	合计
任务 5.1	汽车电子信号认知	1	0	1
任务 5.2	汽车电子信号检测	1	2	3
任务 5.3	汽车电子信号模拟	1	2	3

共计:7 课时

> **情境导入**
>
> 初次接触汽车电子电路的小金同学,看到汽车线束内各种颜色与线径不同的导线,通过各种插接件连接着大大小小的电子模块、各种传感器和执行器时,问了实训指导老师这样两个问题:"这些导线中都传递着什么信号呢?仅从一些器件的外观结构和作用上,我们能判别流经它们的信号特征吗?"老师回答说:"可以的。"

任务5.1 汽车电子信号认知

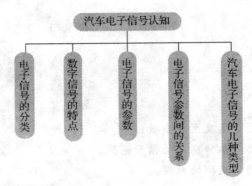

5.1.1 电子信号的分类

电子电路中的信号可以分为两大类:模拟信号和数字信号。

1. 模拟信号

模拟信号是指时间连续、数值也连续的信号。如温度传感器输出的电阻值、位置传感器输出的电压量等(图5.1)。

2. 数字信号

时间上和数值上均是离散的信号为数字信号,如电子表的秒信号、生产流水线上记录零件个数的计数信号等。这些信号的变化发生在一系列离散的瞬间,其值也是离散的(图5.2)。汽车上一些霍尔传感器、光电传感器直接输出的就是数字信号,进入汽车电脑后,做一些简单的修正就可以使CPU识别它们。

图5.1 模拟信号波形图

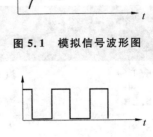

图5.2 数字信号波形

3. 模拟信号与数字信号间的转换

(1)模数转换

汽车上大部分传感器产生的都是模拟信号,如温度、压力、位置等信号,在进入汽车电脑后,先要经过模数转换器(ADC或A/D)的单元处理成数字信号,CPU才能识别。

(2)数模转换

经过计算机分析、处理后数字量也往往需要将其转换为相应的模拟信号才能为执行机构所接受,完成这一任务的器件称为数模转换器(DAC或D/A)。

(3) 一个典型的数字系统结构(图 5.3)

图 5.3 典型数字系统结构

5.1.2 数字信号的特点

数字信号在电路中往往表现为突变的电压或电流信号(图 5.4),该信号有两个特点:

(1) 数字信号一般只有 5 V 和 0 V 两个电压值。

(2) 信号从高电平变为低电平,或者从低电平变为高电平是一个突然变化的过程,这种信号又称为脉冲信号。

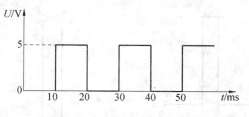

图 5.4 典型的数字信号

5.1.3 电子信号的参数

电子信号常用频率、周期、脉冲宽度、占空比和幅值等参数来衡量。图 5.5 所示为一个方波波形的部分参数。

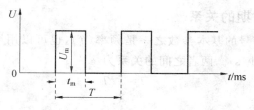

图 5.5 电子信号参数

1. 频率(f)

频率指相同的现象在单位时间内重复出现的次数。我们把 1 s 内相同现象出现的次数规定为频率,单位用赫兹(Hz)表示。如图 5.6 所示信号频率为 5 Hz。

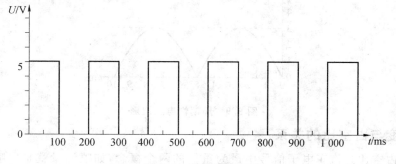

图 5.6 频率示意图

2. 周期(T)

周期指出现相同现象的最小时间间隔。即一个信号波形中相邻两个高低电平持续时间之和,用时间(T)表示。如图 5.7 所示信号周期为 8 ms。

3. 脉冲宽度(t_w)

脉冲宽度就是数字信号波形中高电平持续时间,一般用时间(ms)表示。如图5.7所示信号脉冲宽度为2 ms。

4. 占空比(P)

占空比就是数字信号波形中高电平脉宽与信号周期的比值,一般用%表示。图5.7所示信号的占空比为 $P=2\ ms/8\ ms\times100\%=25\%$。

5. 幅值(U_m)

幅值就是信号波形中高电平与低电平的数值差,一般用电压值(V)表示。图5.8所示信号幅值为12 V。

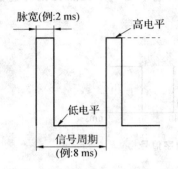
图5.7 周期与脉宽示意图

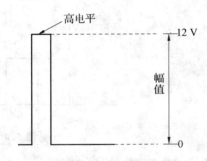
图5.8 幅值示意图

5.1.4 电子信号参数间的关系

1. 数字信号频率与周期的关系

我们已知,周期性电子信号的基本参数之一是频率(f),也可以用周期(T)表示。频率的单位为赫兹(Hz),而周期的单位为秒(s)。两者之间的关系为

$$f=1/T$$

时间单位换算关系为

$$1\ s=1\ 000\ ms,\quad 1\ ms=1\ 000\ \mu s$$

图5.9所示的周期性电压波形,其频率 $f=1/T=1/5\ ms=200\ Hz$。

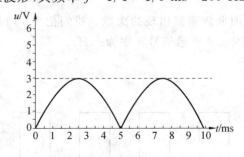
图5.9 周期性电压波形

2. 脉冲宽度与占空比的关系

脉冲宽度和占空比是汽车电子信号中最为重要的两个概念,如喷油量就是以喷油脉宽的大小来衡量的;而一些执行机构,如节气门体内的怠速电机、EGR阀都是用PWM(脉冲宽度调制)信号来控制的,即在信号频率或周期不变的情况下,通过调节正脉冲宽度的方式,达到对执行器的控制目的。图5.10所示为信号周期相同,不同占空比、相同幅值的三个信号波形。

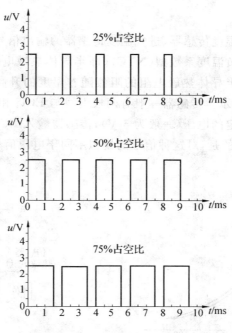

图 5.10 脉冲宽度与占空比关系

5.1.5 汽车电子信号的几种类型

1. 电压信号

常见的电压信号有节气门位置传感器、热膜式空气流量计、进气压力传感器等输出的信号,这类信号占汽车传感器信号的大多数,主要的特点是大都由 ECU 提供工作电压(一般为 5 V),信号输出在 0~5 V 之间。图 5.11 所示为空气质量流量与信号电压关系曲线。图 5.12 是典型的节气门位置与输出电压关系曲线。

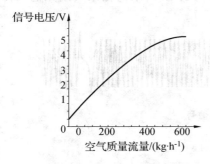

图 5.11 空气质量流量信号

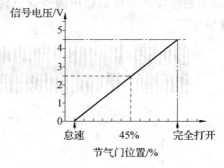

图 5.12 节气门位置信号

氧化锆式氧传感器信号也是一种电压信号,电压值在 0.1~0.9 V 间变化。需要注意的是,这个电压是传感器自身产生的(电池特性),电流很小,不宜用指针式万用表来检测。氧传感器如图 5.13 所示,其输出特性曲线如图 5.14 所示。

图 5.13 氧传感器实物图

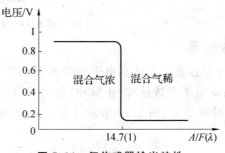

图 5.14 氧传感器输出特性

2. 电阻信号

常见的电阻信号有冷却液温度传感器、进气温度传感器的输出信号，这类传感器通常由一只热敏电阻构成，热敏电阻主要分为：负温度系数型(NTC)(即半导体热敏电阻的阻值随着温度的升高而降低)和正温度系数型(PTC)(即半导体热敏电阻的阻值随着温度的升高而升高)两类。负温度系数型热敏电阻特性曲线如图5.15所示。传感器一般有两根引线与ECU相连，ECU向热敏电阻和分压电阻构成的分压电路提供一个稳定的电压(一般为5 V)，传感器输入ECU的信号电压等于热敏电阻上的分压值(图5.16)。需要注意的是，对这种信号的模拟不同于电压信号；一定要以电阻值来模拟。

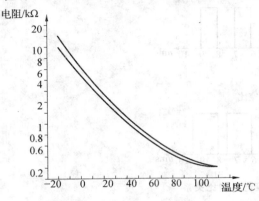

图5.15 热敏电阻与温度关系

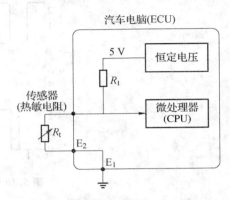

图5.16 温度传感器工作电路

二氧化钛式氧传感器的输出也是一种电阻信号，混合气浓时阻值在几十欧(低阻状态)，混合气稀时阻值在十几千欧(高阻状态)。

3. 频率信号

频率信号是汽车电子系统中出现最多的电子信号，常见的有转速信号、车速信号、一些类型的空气流量信号等。由于使用的传感器类型不同，频率信号又分为数字频率信号和模拟频率信号两大类。图5.17所示为磁感应式传感器输出的发动机转速信号；图5.18所示为霍尔式或光电式传感器输出的曲轴位置信号。

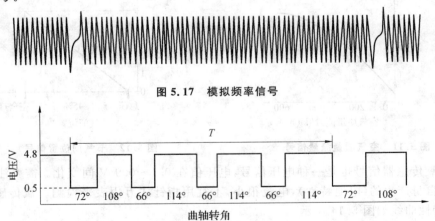

图5.17 模拟频率信号

图5.18 数字频率信号

4. 脉宽信号

脉宽信号是指低电平或高电平的绝对时间长度，低电平有效脉宽(负脉冲)常用于控制电磁阀的全开或全闭；高电平有效脉宽(正脉冲)常用于功率器件或电子模块的触发等。图5.19所示是宽度为0.5 ms的正脉冲信号；图5.20所示是宽度为3 ms的喷油脉宽信号。

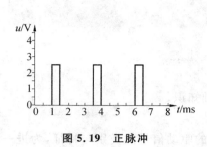
图 5.19 正脉冲

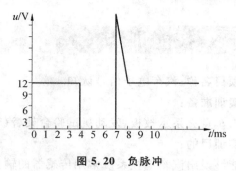
图 5.20 负脉冲

5. 脉冲序列信号

脉冲序列信号常用于步进式怠速电机的驱动。图 5.21 是典型的步进怠速电机外形与驱动信号。

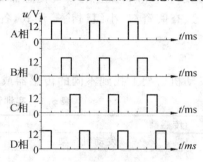

图 5.21 步进怠速电机外形与驱动信号

6. 占空比信号

占空比信号是利用"平均值"概念,在一段时间内控制流过执行器线圈的平均电流,以达到控制阀体开度大小的目的。占空比信号又称 PWM 信号,即脉宽调制信号。其特点是信号频率不变,仅改变高电平脉冲宽度的一系列脉冲信号。图 5.22 所示为占空比信号的等效示意图。

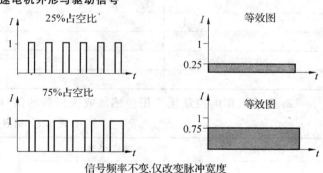

图 5.22 占空比信号的等效示意图

7. 串行数据信号

串行数据信号主要用于车载网络中各模块之间、模块与 CPU 之间、CPU 与手持检测仪间的通信。图 5.23 所示为一个典型的 CAN 总线中的数据信号。

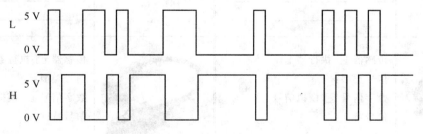

图 5.23 CAN 总线信号

技能训练

项目名称：汽车电子信号认知

实训准备：
汽车点火系示教板、发动机试验台架、汽车电子信号基础知识。

实训目的：
能够说出汽车电控系统常用传感器的输出信号、执行器的驱动信号的类别与特征,为进一步学习汽车电控系统的检测与诊断打下一定的基础。

具体任务：

(1)分组观摩讨论示教板和台架上有哪些传感器或执行器,并记下它们的名称;

(2)通过课堂学习、查阅资料、小组讨论等形式,各自描述传感器或执行器的信号特征,并完成作业表内容的填写。

实训记录：

1.从示教板或发动机台架上找到不同的传感器或执行器(表5.1)

表 5.1 实训记录表

传感器		执行器	
点火系示教板	发动机台架	点火系示教板	发动机台架

2.描述汽车电控系统常用传感器或执行器的信号特征(表5.2)

表 5.2 信息记录表

器件图片	特征描述	器件图片	特征描述
名称：	传感器 □ 执行器 □ 信号类型： 数字信号 □ 模拟信号 □ 信号特征：	名称：	传感器 □ 执行器 □ 信号类型： 数字信号 □ 模拟信号 □ 信号特征：
名称：	传感器 □ 执行器 □ 信号类型： 数字信号 □ 模拟信号 □ 信号特征：	名称：	传感器 □ 执行器 □ 信号类型： 数字信号 □ 模拟信号 □ 信号特征：

续表 5.2

器件图片	特征描述	器件图片	特征描述
名称：	传感器 □ 执行器 □ 信号类型： 数字信号 □ 模拟信号 □ 信号特征：	名称：	传感器 □ 执行器 □ 信号类型： 数字信号 □ 模拟信号 □ 信号特征：
名称：	传感器 □ 执行器 □ 信号类型： 数字信号 □ 模拟信号 □ 信号特征：	名称：	传感器 □ 执行器 □ 信号类型： 数字信号 □ 模拟信号 □ 信号特征：
名称：	传感器 □ 执行器 □ 信号类型： 数字信号 □ 模拟信号 □ 信号特征：	名称：	传感器 □ 执行器 □ 信号类型： 数字信号 □ 模拟信号 □ 信号特征：

汽车电子信号识别评价表见表 5.3。

表 5.3　汽车电子信号识别评价表

考核与评价			
考核要求	自评	组评	师评
1. 正确认知示教板和发动机台架上的传感器与执行器(10)			
2. 能正确描述工作表 5.2 中各器件信号特征,每一项配 5 分(50)			
3. 有较强的信息查阅和分析能力(10)			
4. 工作表填写认真(5)			
5. 未出现不安全的因素(10)			
6. 小组间协作、交流与沟通(10)			
7. 爱护设备,养成"6S"的习惯(5)			
你的收获			
要求或建议			
总体评价			
教师签名			

任务5.2 汽车电子信号检测

5.2.1 检测仪器基础知识

1. 万用表

万用表是汽车检测仪器中最为常用的检测工具之一，它是一种多用途的测量电表，分为指针式万用表和数字万用表两大类。一般的指针式万用表可以用来测量直流电流、直流电压、交流电压、电阻、音频、电平以及晶体管放大倍数等参数。而数字万用表除具有指针表的大部分功能外，还增加了交流电流、电容、电感、频率、占空比等测量功能。一些汽车专用的数字万用表还具有发动机转速、喷油脉宽、低电阻的测试功能。图5.24所示为几种常用万用表。

(a)指针式万用表　　(b)数字万用表　　(c)汽车专用万用表

图5.24　常用万用表

由于指针式万用表阻抗低，不宜用来测量一些输出电流极小的元件或电路，如氧化锆式氧传感器输出的信号等。所以现代汽车电子系统的检修不提倡使用指针式万用表，而必须选用高阻抗的数字万用表。

2. 示波器

随着汽车电子系统越来越复杂，需要更新更好的工具来解决汽车诊断过程中的一些问题，汽车示波器就是当今所使用的最有效、最完善的诊断仪器之一。示波器能使你看到汽车电路的内部，具有记忆存储功能的数字示波器，可以将瞬间的故障波形捕捉和回放，与标准波形加以对比，给诊断工作带来极大的方便。示波器可以看到一些传感器的输出信号如曲轴位置传感器的缺齿信号，因此就更容易发现一些偶发性故障。常见汽车示波器、示波表如图5.25所示。

(a)示波表　　　　　　　　(b)汽车专用示波器

图 5.25　示波表与示波器

3. 汽车解码器

汽车解码器又称为汽车故障诊断仪,是现代维修企业必备的汽车检测仪器之一。一个功能完备的汽车解码器除具有故障码读取、故障码清除、数据流阅读与回放等基本功能之外,还应有示波器、执行器驱动、标准数据存储等实用功能。汽车常用解码器如图 5.26 所示。

(a)KT600解码器　　(b)X431解码器

图 5.26　汽车常用解码器

4. 电控系统分析仪

汽车电控系统分析仪,是功能界于万用表与示波器、解码器之间的一种实用性较强的汽车检测仪器。它是依据汽车电控系统故障诊断规律和汽车电子电路各种信号的特征而特别设计,使用功能集信号测量、信号输出、功率驱动于一体。近些年来,这一类仪器的不断普及,给业界技师的诊断工作带来了一定的方便。

5. 其他汽车检测仪

在汽车诊断现场,不一定每项工作都需要示波器和解码器。大量的诊断任务是靠一些功能单一、方便实用的小型仪器来完成的,如红外测温仪、真空表、蓄电池检测仪、怠速电机(阀)驱动器、钳形电流表等。图 5.27 所示为常用的小型汽车检测仪。

(a)蓄电池检测仪　　(b)红外测温仪　　(c)钳形电流表　　(d)真空表

图 5.27　小型汽车检测仪

5.2.2　汽车电路数据采集方法

1. 仪器仪表直读法

仪器仪表直读法是最为常用的数据采集方法,一般都是实时性数据,特别适用于突发性现象的数据观测,以上介绍的大都是数据的直读采集方法。

2. 解码器数据流阅读法

使用解码器的数据流功能分析故障,是诊断现场常用的一种方法。它反映出的信息比较全面,对汽车发动机故障的分析有着其他仪器不可替代的作用,深受广大技师的喜欢。但它反映出的数据不是实时性的,对一些偶发性故障的判断有一定的局限性。图 5.28 为两种典型的数据流内容显示方式。

图 5.28 汽车数据流图示方式

3. 间接计算法

在汽车诊断现场,有一些信号参数,如脉冲宽度、转速等,由于受到手边检测仪器的限制是无法直接得到的。如何能间接地得到它们,也是维修人员必须掌握的一种方法。这里介绍两种用具有频率、占空比测量功能的万用表间接得到脉冲宽度和转速参数的计算方法。

(1)脉冲宽度的间接计算

当我们得到被测方波信号的频率(f)和占空比(P)后,可以通过下式计算出正脉冲宽度(W):

$$W = (1/f)P \quad 单位:秒(s)$$

例如:测得方波信号频率为 100 Hz、占空比为 20%,则正脉冲宽度为

$$W = (1/f)P = (1/100) \times 20\% \text{ s} = 0.002 \text{ s} = 2 \text{ ms}$$

上式为正脉冲宽度的计算,若求负脉宽数值(如喷油脉宽),则需把占空比数值取补即可。如上例中,取占空比为 80%,得出负脉冲宽度为 8 ms。

(2)转速的间接计算

一些车型的仪表盘没有设计发动机转速表,若想知道发动机转速值,可以由以下方法间接得到。

在一个喷油器的驱动线上,用万用表频率挡测得频率值(f),则转速(S)为

$$S = f \times 120 \quad 单位:转/分(r/min)$$

例如:测得喷油频率为 6.5 Hz,则发动机转速为

$$S = f \times 120 = 6.5 \times 120 = 780(r/min)$$

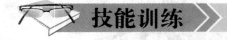

技能训练

项目名称:发动机喷油脉宽波形观察

实训准备:

喷油器、示波表、万用表、电控系统分析仪、12 V 稳压电源、连接导线等。

实训目的:

(1)掌握喷油脉宽信号的采集方法;

(2)学会分析喷油波形各时域特征所代表的含义。

具体任务:

(1)用万用表测量喷油器电磁线圈电阻并做好记录;

(2)按图 5.29 所示连接实验电路;

(3)驱动喷油器工作,用示波表在信号端采集喷油脉宽信号(图 5.30);

(4)分析图 5.31 所示喷油波形各时域所代表的含义并填写作业表。

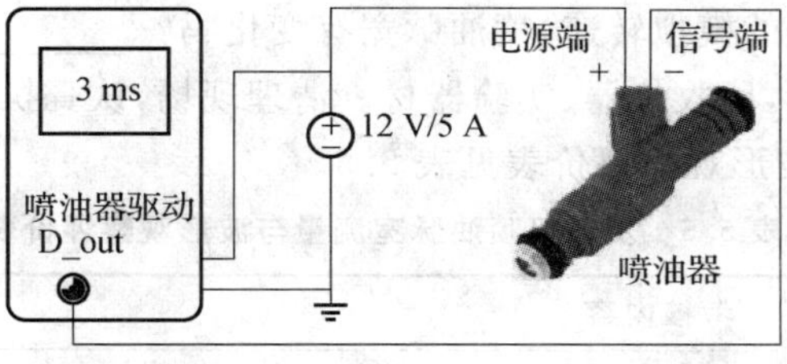

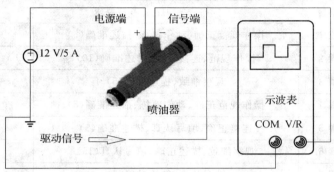

图 5.29 喷油器驱动连线示意图

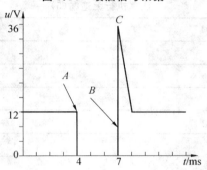

图 5.30 喷油信号采集

图 5.31 喷油波形示意图

实训记录：

(1)用万用表的_____挡位测量喷油器的线圈电阻,阻值为_____。

(2)按图5.29、图5.30所示连接喷油器驱动和喷油信号采集实验电路。

步骤1——信号发生器选项:进入主菜单,选择"执行器驱动",在器件选择界面选择"喷油器"。

步骤2——按图示用专用插接线连接电控分析仪、稳压电源、喷油器等。

步骤3——接通电源,喷油器应有"嗒嗒"工作声。

步骤4——打开示波表,选择"波形"挡位。

步骤5——示波表黑表笔接电源_____,红表笔接喷油器_____,显示屏应有波形显示。

步骤6——参考图5.31,观察并分析波形,填写表5.4。

表 5.4 实训记录表

项次	区段	区段说明	喷油脉宽/ms
1	0—A		
2	A—B		
3	B—C		
4			

步骤7——改变驱动信号的模拟转速,喷油脉宽有变化吗？_____
步骤8——关闭稳压电源,回收仪器、实验器材。清理现场,认真执行6S管理。
发动机喷油脉宽测量与波形观察评价表见表5.5。

表5.5 发动机喷油脉宽测量与波形观察评价表

考核内容			自评	互评	师评
1. 正确完成喷油器线圈的万用表检测(5)					
2. 能正确完成喷油器驱动和喷油脉宽测量的完整过程(55)	考核要求				
	步骤1	操作规范正确、动作熟练、描述准确(5)			
	步骤2	操作规范、连接无误、描述准确(10)			
	步骤3	观察细致、描述准确(5)			
	步骤4	操作规范正确、动作熟练、描述准确(5)			
	步骤5	连接正确、填写认真、描述准确(5)			
	步骤6	观察细致、描述正确,填写认真(15)			
	步骤7	填写认真、结论准确(5)			
	步骤8	认真执行无遗漏(5)			
3. 有较强的信息查阅和分析能力(10)					
4. 工作表填写认真(5)					
5. 未出现不安全的因素(10)					
6. 小组间协作、交流与沟通(10)					
7. 爱护设备,养成"6S"的习惯(5)					
你的收获					
要求或建议					
总体评价					
教师签名					

任务5.3 汽车电子信号模拟

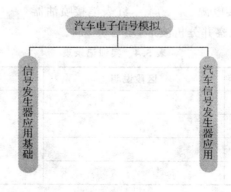

5.3.1 信号发生器应用基础

1. 信号发生器简介

信号发生器又称信号源,在科研方面常见的是一种称为函数发生器的仪器,它实际上是一种多波形信号源,可以产生输出正弦波、方波、三角波、斜波、半波正弦波及指数波等。由于其输出波形均可用数学函数描述,故命名为函数信号发生器,如图 5.32 所示。

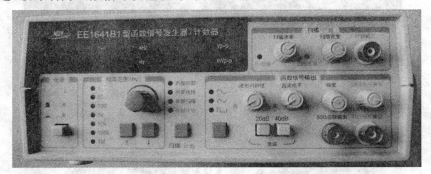

图 5.32 函数信号发生器

2. 汽车信号发生器的功能

汽车信号发生器应该可以同时输出正弦波信号、方波信号、X+Y 缺齿信号、电压信号、氧传感器信号、电阻信号、PWM 信号等一些汽车电控系统中常见的电子信号,能基本涵盖常用汽车传感器与执行器的信号特征。图 5.33 为手持式汽车信号发生器,图 5.34 为台式信号发生器。

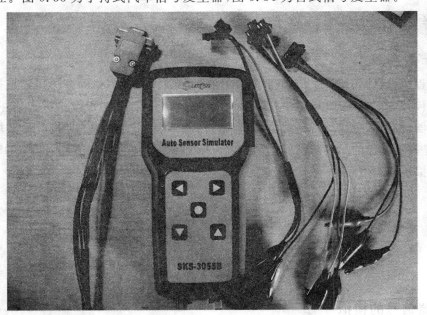

图 5.33 手持式汽车信号发生器

汽车信号发生器主要功能有:

(1)正弦波信号:主要应用于磁电式传感器产生的转速、轮速、车速等信号的模拟。

(2)方波信号:主要应用于霍尔式和光电式传感器产生的转速、轮速、凸轮轴位置、空气字化的频率信号的模拟。

(3)X+Y 缺齿信号:主要应用于磁电式、光电式、霍尔式等曲轴缺齿信号的模拟。

(4)电压信号:主要应用于节气门位置、进气压力、EGR 阀位置等电压信号的模拟。

(5)氧传感器信号:主要应用于各种氧传感器输出的氧离子浓度信号的模拟。

(6)电阻信号:主要应用于冷却液温度、进气温度、环境温度等必须用电阻信号来模拟的传感器输出信号。

(7)PWM信号:主要应用于点火控制信号、喷油控制信号、凸轮轴位置信号、EGR控制信号等脉冲信号的模拟。

图5.34　台式信号发生器

5.3.2　汽车信号发生器应用

1. 传感器信号模拟

在诊断过程中,当你怀疑一个传感器输出的信号不正常时,最方便的方法当然是找一个同型号同规格的传感器代替一下试试,这样很快就可以做出诊断结论。当手边没有这样的条件时,使用专用的汽车信号发生器,模拟一个接近特征的传感器信号送给ECU看看反应如何,借此来判断故障是否出在传感器,或是其他方面的原因,这是业界近些年来最常用的一种诊断方法。图5.35所示为用汽车信号发生器模拟传感器信号的一般形式。

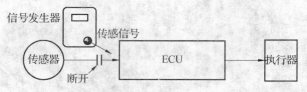

图5.35　传感器输出信号模拟示意图

时,通常是使用数据检测法和替换法来解决。为了更进一步确诊,如现代汽车大量地采用无分电器点火系(DIS),对其点火线圈驱动法来进行。图5.36所示为用驱动法检测执行器性能的一

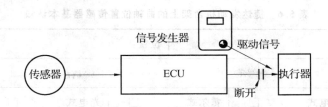

图 5.36　执行器驱动信号模拟示意图

3. ECU 检修信号的模拟

汽车发动机控制单元（ECU），又称汽车电脑。在汽车诊断现场，对 ECU 的性能判定是技术含量较高和风险较大的一项工作，一旦误判，可能会给维修企业或车主带来一定的经济损失。如果能够在工作台上对 ECU 的基本性能做一些检测，那对维修技师的诊断工作是有很大帮助的。一般地讲，一块 ECU 如果能在工作台上有喷油信号、点火信号、油泵信号、主继电器信号的输出，那么它的基本性能就是合乎要求的，起码可以使发动机工作，诊断工作就可以转向其他方面。图 5.37 所示为用汽车信号发生器检测 ECU 的信号模拟示意。

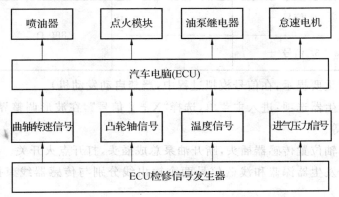

图 5.37　汽车电脑检修信号的模拟示意图

技能训练

项目名称： 发动机转速信号的模拟

实训准备：

汽车发动机试验台架、万用表、汽车专用信号发生器、手动工具等。

实训目的：

了解为汽车 ECU 模拟曲轴转速信号的实施过程。

具体任务：

(1) 查阅相关资料，找到捷达发动机曲轴位置传感器的类型及输出信号的特征，在台架上找到插头引脚编号及安装位置，并记录于下表中；

(2) 识别传感器引线插头并进行数据测量；

(3) 根据信号的模拟过程要求进行实训。

实训记录：

1. 捷达发动机台架上的曲轴位置传感器基本认知（表 5.6）

表 5.6　捷达发动机台架上的曲轴位置传感器基本认知

名称:曲轴位置传感器		位置:					
作用:1.　　　　　　　2.							
器件结构	磁电式	□	霍尔式	□	光电式	□	其他	□
信号特征	方波	□	正弦波	□	交变波	□	其他	□
信号类型	频率型	□	电压型	□	电阻性	□	缺齿型	□

2．传感器引脚识别与检测（表5.7）

表 5.7　传感器引脚识别与检测

引线插头图	引脚定义	与 ECU 连接针脚	线圈阻值(2#—3#)	
			标准值	实测值
	1. 屏蔽接地			
	2. 信号 −		890 Ω	＿＿Ω
	3. 信号 ＋			

3．信号模拟过程（重要提示：在信号模拟过程中，严禁启动发动机）

步骤1——信号发生器选项：进入主菜单，选择"X＋Y信号"，在波形调整界面依次选择58＋2缺齿、正弦耦合、500 Hz等。

步骤2——断开曲轴位置传感器插头，断开油泵总成插头，打开点火开关。

步骤3——将信号发生器深蓝和浅蓝信号两个输出线分别与传感器线束插孔（电脑侧）中2#、3#插孔连接。

步骤4——观察台架示教板上四个喷油指示灯和四个点火指示灯是否有规律闪烁，并记录入表5.8中。

表 5.8　实训记录表（一）

	有规律闪烁	无规律闪烁	不闪烁
喷油指示灯			
点火指示灯			

结论：

步骤5——改变信号发生器输出参数，观察台架示教板上指示灯工作状态，并记录入表5.9中。

表 5.9 实训记录表(二)

	有规律闪烁	无规律闪烁	不闪烁
正弦对地			
频率 800 Hz			
缺齿 27+1			
缺齿 58+0			

结论：

步骤 6——关闭点火开关,回收仪器,恢复传感器线缆连接插件,恢复油泵总成插接件。清理现场,认真执行 6S 管理。

发动机转速信号的模拟评价表见表 5.10。

表 5.10 发动机转速信号的模拟评价表

考核内容			自评	互评	师评
1. 正确完成曲轴位置传感器的基本认知(15)					
2. 正确完成传感器引脚识别与线圈电阻的万用表测量(5)					
3. 能正确完成信号模拟完整过程(30)	考核要求				
	步骤 1	操作规范正确、动作熟练、描述准确(5)			
	步骤 2	操作规范、顺序无误、描述准确(6)			
	步骤 3	操作规范、接线无误、描述准确(6)			
	步骤 4	填写认真、结论准确(4)			
	步骤 5	填写认真、结论准确(4)			
	步骤 6	认真执行无遗漏(5)			
4. 有较强的信息查阅和分析能力(20)					
5. 工作表填写认真(5)					
6. 未出现不安全的因素(10)					
7. 小组间协作、交流与沟通(10)					
8. 爱护设备,养成"6S"的习惯(5)					
你的收获					
要求或建议					
教师评语					

课后练习

一、填空题

1. 大多数汽车传感器产生_____电压信号。
2. 数字电压信号也可以称为_____信号。
3. 一些汽车传感器给出的是模拟信号,需要做_____处理,汽车电脑才能识别。
4. 热模型空气流量计输出的是_____信号。
5. 锆式氧传感器输出的是_____信号,混合气稀时,其输出值为_____。
6. 汽车解码器具有_____、_____、_____等基本功能。
7. 汽车信号发生器的应用有_____、_____和_____三个方面。
8. 汽车电控系统中的霍尔传感器一般有三个引脚,分别是_____、_____和_____。
9. 喷油器上的两根接线分别是_____和_____。

二、简答题

1. 简述一下,为什么要对一些传感器输出的模拟信号进行数字化处理(A/D 转换)?
2. 各举出生活中模拟信号和数字信号的几个例子。
3. 描述汽车信号模拟在维修现场的实际意义。
4. 判断一个汽车电脑的基本性能是良好的,需要观察哪几个输出信号?
5. 在喷油器信号上测得频率为 11 Hz,发动机转速为多少?

模块 6

汽车电子新技术

【知识目标】

1. 了解汽车车载网络系统的基本概念；
2. 了解汽车电子防盗报警新技术。

【课时计划】

任务	任务内容	参考课时		
		理论课时	实训课时	合计
任务 6.1	汽车车载网络系统	2	0	2
任务 6.2	汽车电子防盗报警新技术	1	0	1
共计：3 课时				

情境导入

一辆帕萨特B5型轿车发生碰撞事故后ABS电子控制模块破裂损坏,在维修部门修理时,重换了仪表控制单元、ABS控制单元等组件,但ABS仍不能正常工作,这是什么原因呢?在确定了该车不存在其他隐患的情况下,重点怀疑是否重换的配件有问题。在对新换上的ABS电子控制单元进行检查时,发现该配件是一种不带CAN总线接口的普通ABS控制单元模块。经与当地帕萨特B5轿车的4S店联系,购买一只带CAN总线接口的ABS控制单元换上后,进行路试和检测,一切正常,故障排除。

那么,CAN总线是什么概念呢?

任务6.1 汽车车载网络系统

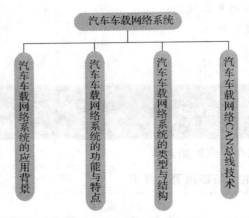

6.1.1 汽车车载网络系统的应用背景

随着对现代汽车性能要求的不断提高,汽车电器和电子控制装置在汽车上的应用也越来越多,例如电子燃油喷射系统(EFI)、防抱死制动装置(ABS)、电控自动变速器(EAT)、安全气囊(SRS)、电动门窗装置、主动悬架等。这使得汽车上的电控单元数量越来越多,线路也越来越复杂,传统的点到点布线方式使汽车上的导线数量成倍增加,汽车线束越来越庞大。而复杂和凌乱的线束使电气线路的故障率增加,降低了汽车电器和电子控制装置的工作可靠性。当线路发生故障时,诊断维修起来也很困难,这在一定程度上影响了电子控制技术在汽车上的应用。

除了以上因素外,汽车电子控制装置的大量使用,有些数据信息需要在不同的控制系统中共享,大量的控制信号也需要实时交换,以提高系统资源的利用率和工作可靠性。很显然,如果在大量采用电子装置的汽车上仍然用传统的点到点的连接方式,信息传输的可靠性、传输速度均会显现不适应性,信息传输材料的成本较高。

为了简化线路,提高信息传输的速度和可靠性,降低故障率,汽车网络信息技术应运而生。一辆汽车不管有多少块控制单元,每块控制单元都只需引出两条线共同连接在两个节点上,这两条线就称为数据总线,又称为网线。由这类网线将汽车上的各种电子控制单元连接起来,就形成了汽车的信息传输网络系统。汽车网络信息传输方式如图6.1所示。

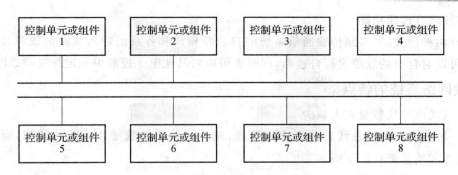

图 6.1　汽车网络信息传输方式

6.1.2　汽车车载网络系统的功能与特点

1. 车载网络系统的功能

（1）具有多路信息传输功能

该功能可以使数字信号通过共同的传输线路进行传输，系统工作时，由各个开关发送的输入指令或传感器检测到的各种信息，先送到中央处理器（CPU）进行 A/D 转换、处理，得到的数字信号以串行信号的方式通过上述的共同传输线路传输给相应的电子控制单元（如发动机 ECU），由该电子控制单元将接收到的数字信号处理成为执行指令，并进行相应的动作。图 6.2 为常规线路，图 6.3 为多路传输电路。

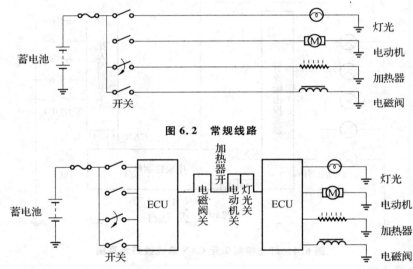

图 6.2　常规线路

图 6.3　多路传输电路

（2）具有"唤醒"和"睡眠"功能

该功能可以大大减少在断开点火开关后蓄电池电能的额外消耗。当系统处于"休眠"状态时，多路传输通信系统将停止该系统的信号传输和 CPU 控制等功能，以节约蓄电池电能；而当系统一旦有人为操作时，处于"休眠"状态的有关控制装置立即开始工作，同时还将"唤醒"信号通过传输线路发送给其他控制装置。

（3）具有失效保护功能

它包括硬件失效保护和软件失效保护两种功能。当系统的中央处理器（CPU）发生故障时，硬件失效保护功能时期以固定的信号进行输出，以确保车辆能继续行驶；当系统某控制装置发生故障时，软件失效保护功能将不受来自有故障的电子控制单元信息的影响，以保证系统能继续工作。

(4)具有故障自诊断功能

该功能有两种模式,即多路传输通信系统的自诊断模式和各系统输入线路的故障诊断模式。这两种模式既可以对自身的故障进行自诊断,同时也可以对其他电子控制单元进行故障诊断。

2. 车载网络系统的特点

(1)使电气线束导线数量大大减少

由于用一根或两根数据总线替代了多根导线,减少了导线的数量和线束的体积,简化了整车线束,使线路成本和质量都有所下降。

(2)可靠性得到提高

线束导线数量的减少必然使线路的连接点大大减少,由此带来的好处是信号传输的可靠性得到提高,也大大降低了整车的故障发生率。

(3)电源配置系统发生了变化

采用了车载网络信息传输方式后,可以使各个用电设备采用模块化控制,由此可以使电源系统的熔断器和继电器的使用数量大为减少,也使增加或减少用电设备变得十分简单。例如,为了满足某种车型的需求,需要在基本车型前面增加一个照明装置,只需在车前照明控制单元输出端接上该照明装置,在模块的输入端接上一个开关,再在软件上做一些调整即可,对整车线束不用做任何改动,如图6.4所示。

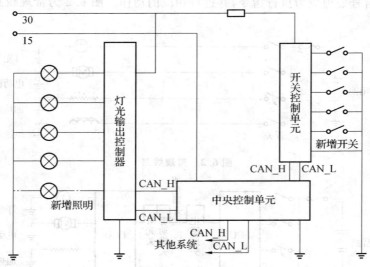

图 6.4 灯光控制单元 CAN 总线线路示意图

(4)实现了数据共享

由于各种电子控制单元的数据发送与接收是在共同传输线路的同一根总线上,这种网络结构将各控制系统紧密连接,达到数据共享的目的,各控制系统的协调性可进一步提高。例如,具有 CAN 接口的电控发动机系统提供的温度、转速、节气门位置等信息,可以通过 CAN 接口让其他系统共享,其他系统就没必要重复去采集这些信息。

(5)改善了系统的灵活性

具有信息传输网络系统的车辆,通过对系统软件进行相应的改动,就可以实现某一系统控制功能做相应的改变,这对于系统的随时升级带来了极大的灵活性。

(6)延长了元器件的使用寿命

由于采用总线技术的车辆在某一用电设备负荷增大到一定程度时,系统能够及时发现并自动使其退出工作状态。这种主动保护方式消除了只有单一的熔断器熔断的被动保护方式,可以有效地防止元器件的早期损坏,延长了元器件的使用寿命,因此也降低了故障率。

(7) 控制开关的作用发生了改变

在采用总线控制的车辆上,控制开关的作用不再是串联在电路中,而是并联在输入模块的输入端子上,起着类似开关型传感器的作用,如图 6.4 所示,通过开关的电流很小,因而大大延长了开关的使用寿命和制造成本。

(8) 方便了车辆维护

汽车的信息传输网络系统具有强大的存储功能,可以将检测到的故障以代码的方式储存起来,供维修人员借助检测仪器在通用的诊断接口调用,为车辆的故障诊断提供了极大方便。

6.1.3 汽车车载网络系统的类型与结构

目前存在的多种汽车网络标准,其侧重的功能有所不同,为方便研究和设计应用,SEA 车辆网络委员会将汽车数据传输网划分为 A 类、B 类、C 类,还有 MOST 型共四种类型。

1. A 类网络

A 类网络主要面向传感器、执行器控制的低速网络,传输速率一般在 1~10 kbit/s,网络协议种类主要有 LIN,UART,CCD 等,适用于对实时性要求不高的场合。主要应用于车身控制,如电动门窗、中央门锁、后视镜、座椅调节、灯光照明及早期的汽车动力系统故障诊断。图 6.5 为典型 A 类网络系统应用实例。

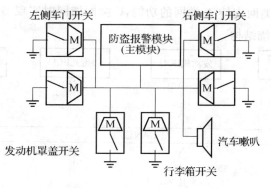

图 6.5 应用于汽车防盗中的 A 类网络系统

2. B 类网络

B 类网络为面向独立模块间数据共享的中速网络,适用于对实时性要求不高的场合,传输速率一般为 10~100 kbit/s,网络协议主要有 ISO11898-3(容错 CAN:Controller Area Network)、J2248、VAN(Vehicle Area Network)和 J1850(OBDⅡ)等。该类网络主要应用于电子车辆信息中心、故障诊断、仪表显示、安全气囊等系统,以减少冗余的传感器和其他电子部件。从目前汽车网络技术的使用和发展来看,B 类网络主流协议是 CAN(ISO11898-3)。B 类网络系统的应用实例如图 6.6 所示。

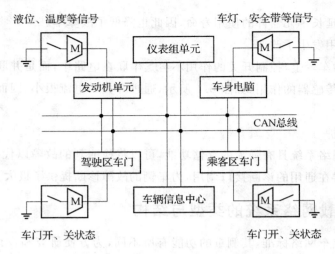

图 6.6 CAN 总线的 B 类网络系统

3. C 类网络

C 类网络为主要面向高速、实时闭环控制的多路传输网,最高传输速率可达 1 Mbit/s 以上,网络协议种类主要有 ISO11898－2(高速 CAN)、TTP(Time－Triggered Protocol)/C 和 Flex Ray 等,主要用于悬架控制、牵引控制、先进发动机控制、ABS 等系统,以简化分布式控制和进一步减少车身线束。到目前为止,C 类网络中广泛应用于动力与传动系统控制及通信的协议标准是高速 CAN。三类网络功能均向下涵盖,即 B 类网支持 A 类网的功能,C 类网能同时实现 B 类和 A 类网的功能。图 6.7 为 CAN 总线的 C 类网络系统结构。

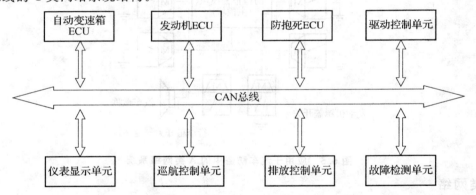

图 6.7 CAN 总线的 C 类网络系统

4. MOST 网络

目前市场上已开发出一种 MOST 标准网络,做音视频娱乐通信,它是基于光纤通信协议,传输速率可达 20 多兆,一些顶级车上已有应用。目前做 MOST 总线很复杂,MOST 网关需用支持多媒体 32 位 MCU 实现,并需要大量 16 位单片机做每个子系统控制,它的应用还需汽车厂商、汽车电子厂商共同推动。

未来整个网络将是 CAN,LIN,MOST 三网合一整体。MOST 负责音视频,CAN 负责重要电子控制单元,如发动机、ABS、安全气囊等,LIN 负责次要电子控制单元,如门窗、车灯等。X－by－Wire 技术推动也将缔造如此堪称"完美"的网络组合。

6.1.4 汽车车载网络 CAN 总线技术

1. CAN 简述

控制局域网(Controller Area Network,CAN)是德国 Bosch 公司为解决现代汽车中众多的控制与测试仪器之间的数据交换而应用开发的一种通信协议。在国外,尤其是欧洲,CAN 网络已被广泛地应用在汽车上,如 BENZ,BMW,PORSCHE,ROLLS ROYCE,JAGUAR 等车系。

2. 汽车对通信网络的要求

现代汽车典型的控制单元有电控燃油喷射系统、自动变速器电控系统、防抱死制动系统(ABS)、防滑控制系统(ASR)、废气再循环控制、巡航系统等,如图 6.7 所示。

在一个完善的汽车电子控制系统中,许多动态信息必须与车速同步。为了满足各子系统的实时性要求,有必要对汽车公共数据实行共享,如发动机转速、车轮转速、油门踏板位置等。但每个控制单元对实时性的要求是因数据的更新速率和控制周期不同而不同的。例如,一个 8 缸柴油机运行在 2 400 r/min,则电控单元控制两次喷射的时间间隔为 6.25 ms。其中,喷射持续时间为 30°的曲轴转角(2 ms),在剩余的 4 ms 内需完成转速测量、油量测量、A/D 转换、工况计算、执行器的控制等一系列过程。这就意味着数据发送与接收必须在 1 ms 内完成,才能达到柴油机电控的实时性要求。这就要求其数据交换网是基于优先权竞争的模式,且本身具有极高的通信速率,CAN 现场总线正是为满足这些要求而设计的。典型的 CAN 总线系统如图 6.8 所示。

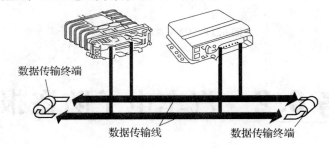

图 6.8 CAN 总线系统的组成简图

3. CAN 系统的组成

数据总线由控制单元、收发器、数据传输终端和数据传输线等构成,如图 6.8 所示。

(1) 数据传输终端

数据传输终端是一个终端电阻,防止数据在导线终端被反射产生反射波,反射波会破坏数据。在驱动系统中,它接在 CAN 高线和 CAN 低线之间。标准 CAN−BUS 的原始形式中,在总线的两端接有两个终端电阻。大众车型将负载电阻分布在各个控制单元内,如图 6.9 所示。

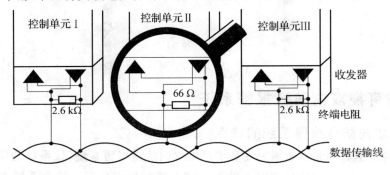

图 6.9 CAN 网络的终端电阻

(2)数据传输线

①双绞线结构特点。为了减少干扰,CAN 总线的传输线多采用双绞线,其绞距为 20 mm,如图 6.10 所示,截面积为 0.35 mm² 或 0.5 mm²,数据传输线是双向的。这两条线传输相同的数据,分别被称为 CAN 高线(CAN_H)和 CAN 低线(CAN_L)。

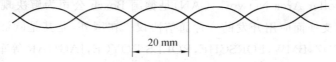

图 6.10 CAN 数据传输线(双绞线)

②总线上的电压。数据总线的连线被指定为 CAN 高线(BUS+)和 CAN 低线(BUS—),电脉冲在 0~5.0 V 变化,代表数字逻辑"1"或"0"。没有信息时,CAN 高线为 5.0 V,而 CAN 低线为 0 V;传递信息时,读数相反,如图 6.11 所示。

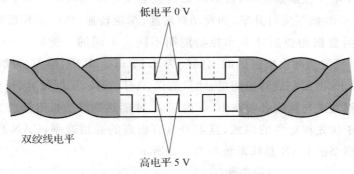

图 6.11 CAN 总线上的电压

任务 6.2 汽车电子防盗报警新技术

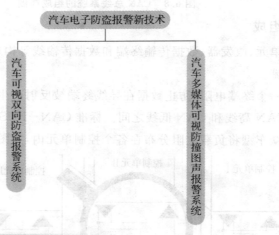

6.2.1 汽车可视双向防盗报警系统

1. 汽车可视双向防盗报警系统的特点

目前,一些新的车型如神龙富康系列安装了可视双向防盗报警系统,该系统的所有控制功能均可以通过遥控器面板上的 LCD 液晶显示屏上的显示图形进行操作显示。整个系统主要由两个部分构成,即遥控器部分与接收器部分,两者采用无线遥控双向通信方式。其中:遥控器由车主随身携带,既可以遥控发射各种控制指令,对汽车的有关功能进行无线控制;又可以接收安装在汽车上的主机发射出的防盗监控报警等信号。遥控器的发射距离最大可达 110 m 左右;主收发器发射出的防盗监控报警等信号最大距离可达 50 m。

2. 汽车可视双向防盗报警系统的主要功能

(1)控制功能方面:遥控开启行李箱,遥控中控锁的自动控制,车况查询控制,寻车功能,按键锁定控制功能,紧急解除防盗控制功能,反劫持控制功能等。

(2)工作状态提示方面:点火启动报警提示,打开车门报警提示,开门闪灯提示等。

(3)防盗控制功能方面:有声防盗报警设定,无声防盗报警设定,呼叫车主控制功能,洗车防盗模式设定,二次防盗模式设定功能等。

图 6.12 为汽车可视双向报警遥控器外观。

图 6.12 汽车可视双向报警遥控器外观

6.2.2 汽车多媒体可视防撞图声报警系统

多媒体可视防撞图声报警系统是为了提升车辆的安全性而开发应用的,是一种主动性安全系统。采用声音鸣响与图像显示的方式,来防止车辆在倒车驻车或运行中换车道时的防撞。主要有倒车驻车可视防撞图声报警系统、雷达辅助换道防撞图声报警系统、车道保持辅助防撞图声与震动报警系统等几大模块。

1. 倒车驻车可视防撞图声报警系统

该系统是在倒车雷达的基础上发展起来的,与摄像机系统组合而成。主要用于在倒车或倒车驻车时,由摄像机自动探测车辆后部的情况并显示在多媒体图显示屏上,供驾驶员倒车时观察使用。

2. 雷达辅助换道防撞图声报警系统

该系统的作用是保证车辆在运行过程中换道时防止与其他车辆相碰撞。在大量的交通事故中,因改变行车道路没有看清相邻车辆而造成的撞车事故时有发生。雷达辅助换道防撞图声报警系统为驾驶员在超车或换道时提供声像报警信息。

3. 车道保持辅助防撞图声与震动报警系统

车道保持辅助防撞图声与震动报警系统的作用是当驾驶员的疏忽或精神不集中,导致车辆可能偏离已经选定的车道时,方向盘就会通过震动向驾驶员进行报警,以防止事故发生。

图 6.13 为汽车多媒体显示倒车界面。

图 6.13 汽车多媒体显示倒车界面

课后练习

一、填空题

1. 车载网络系统是用_____数据总线替代了_____导线,减少了导线的_____和线束的_____。
2. 控制局域网CAN是德国_____公司为解决现代汽车中众多的控制与测试仪器之间的数据交换而应用开发的一种_____。
3. 数据总线由_____、_____、_____和_____等构成。
4. CAN数据总线的两根连线被指定为CAN_____和CAN_____,电脉冲在_____变化。
5. 可视双向防盗报警系统是通过_____面板上的LCD液晶显示屏上的_____进行操作显示的。

二、简答题

1. 车载信息传输网络系统的"唤醒"和"睡眠"功能的主要作用是什么?
2. 简述车载网络系统的多路信息传输功能。
3. 车载网络系统实现了传感数据共享,它的实际意义是什么?

参 考 文 献

[1] 王健,向阳.汽车电工与电子基础[M].2版.北京:人民交通出版社,2013.

[2] 张兴华.汽车电工电子基础[M].成都:四川大学出版社,2013.

[3] 徐利强.实用电工技术[M].成都:西南财经大学出版社,2009.

[4] 杨屏.实用汽车电工电子技术[M].北京:机械工业出版社,2013.

[5] 刘冰,韩庆国.汽车电工电子技术基础[M].北京:人民邮电大学出版社,2013.

[6] 孙余凯,吴鸣山.新型汽车电子系统原理与故障检修[M].北京:电子工业出版社,2012.

[7] 吴文淋,吴丽霞.汽车车载网络系统原理与维修精华[M].北京:机械工业出版社,2008.